AF549868

Calming Signals bei Hunden

Wie Sie die Beschwichtigungssignale Ihres Hundes erkennen, richtig deuten und sogar selbst anwenden für eine bessere Beziehung zu Ihrem Hund

Anna-Lena Rittberg

Alle Ratschläge in diesem Buch wurden vom Autor und vom Verlag sorgfältig erwogen und geprüft. Eine Garantie kann dennoch nicht übernommen werden. Eine Haftung des Autors beziehungsweise des Verlags für jegliche Personen-, Sach- und Vermögensschäden ist daher ausgeschlossen.

ISBN: 978-3-969300698

Copyright © 2023 Anna-Lena Rittberg
Email: info@edition-lunerion.de
www.edition-lunerion.de

Alle Rechte, insbesondere das Recht der Vervielfältigung und Verbreitung der Übersetzung, vorbehalten. Kein Teil des Werkes darf in irgendeiner Form (durch Fotokopie, Mikrofilm oder ein anderes Verfahren) ohne schriftliche Genehmigung des Verlages reproduziert oder unter Verwendung elektronischer Systeme gespeichert, verarbeitet, vervielfältigt oder verbreitet werden.

Psiana eCom UG
Berumer Str. 44
26844 Jemgum

INHALT

Eine Sprache für den besten Freund des Menschen

Der Hund ist der beste Freund des Menschen? Das mag schon sein und wenn man sich viele Mensch-Hund-Paare ansieht, dann findet man diese Ansicht bestätigt. Sie weichen einander nicht von der Seite, sind treue Begleiter, lassen den Partner nicht im Stich und wenn der eine nicht da ist, ist der andere irgendwie unglücklich. Allerdings: Die Kommunikation lässt nicht selten zu wünschen übrig. So mancher Hund sendet verzweifelt Signal um Signal und sein Besitzer streichelt ihm selig lächelnd den Kopf – und begreift nichts. Dabei heißt es doch von besten Freunden eigentlich, dass sie einander blind verstünden, in Hundehinsicht ist da jedoch oft noch einiges an Luft nach oben. Aber es gibt gute Nachrichten: Es kann eine

Menge getan werden, um diese Lücke zwischen Wunsch und Wirklichkeit zu schließen, denn auch, wenn Hunde wohl kaum unsere Menschensprache erlernen können, so haben wir Menschen doch einige Möglichkeiten, „auf Hund" zu sprechen. Eine der einfachsten Kommunikationsformen sind die sogenannten Calming Signals, auch Beschwichtigungssignale genannt. Zunächst einmal werden sie genau dafür verwendet, was die Bezeichnung bereits andeutet, nämlich zur Beruhigung. Allerdings geht es um Beruhigung in einem sehr weiten Sinne: Der Hund beruhigt sich selbst, wenn er nervös ist oder auch nur freudig aufgeregt. Er beruhigt seinen Artgenossen, wenn dieser ein bisschen zu wild herumtobt, sein Herrchen, wenn es gestresst ist, ein kleines Kind, das etwas zu ausgiebig an seinen Ohren herumzupft.

Er verwendet die Signale jedoch auch als Höflichkeitsform und stellt damit Begegnungen von Anfang an unter friedliche Vorzeichen, er signalisiert Artgenossen und Menschen seine eigene Friedfertigkeit. Und das Vokabular reicht sogar noch weiter: Wenn Unfrieden bereits deutlich in der Luft liegt oder das Tier sich einfach unwohl fühlt, können auch hier Calming Signals mit erstaunlicher Wirkung eingesetzt werden. Das Beste daran ist: Mensch kann lernen, sie sowohl zu lesen als auch zu verwenden. Also machen wir uns auf in die spannende Welt der Hundesprache und finden wir eine ganz neue Möglichkeit, mit unserem besten Freund zu sprechen – eben von Kumpel zu Kumpel.

Was erwartet Sie in diesem Buch?

Dieses Buch bietet Ihnen nun eine gründliche und tief greifende Einführung in das Thema der Beschwichtigungssignale. Um diese vielfältigen und bedeutungsvollen Zeichen wirklich zu verstehen, bedarf es allerdings auch einiger Hintergrundinformationen: Woher stammt der Hund, wie kam er zum Menschen, was ist noch in ihm von seinen wilden Vorfahren? Wie kommunizieren seine Ahnen, die Wölfe, in freier Wildbahn und was hat das mit unserem Kuschelfreund auf dem Sofa zu tun? All dies steht in enger Verbindung zu den grundlegenden Mechanismen der Sozialisierung unserer Haushunde, ganz gleich, ob es um das friedliche Zusammenleben im häuslichen Rudel, mit dem Nachbarshund oder mit der Menschenfamilie geht. Mit all diesen Informationen können wir uns anschließend daran machen, die Beschwichtigungssprache unserer Vierbeiner genauer unter die Lupe zu nehmen. Sie erfahren, wann und auf welche Weise Hunde die Calming Signals zeigen, was sie damit ausdrücken möchten, was dadurch erreicht wird und auch, welche Missverständnisse nicht selten auftauchen. Anhand konkreter Beispiele bekommen Sie praktische Vorgehensweisen an die Hand, die Sie selbst ganz unkompliziert ausprobieren und anwenden können, um etwa Konflikte beim Gassigehen zu vermeiden, den Tierarztbesuch etwas entspannter zu gestalten oder ganz grundsätzlich die Kommunikation mit Ihrem Liebling zu verbessern. Sie entwickeln Stück für Stück ein profundes Verständnis der hündischen Kommunikationsdynamik und sind so schließlich in der Lage, Situationen gut einzuschätzen und selbst mitzugestalten. Ein immenser Fortschritt in der Beziehung zu Ihrem Tier, der Ihnen beiden den Alltag deutlich erleichtern wird und dafür sorgt, dass Sie noch mehr Freude am Umgang miteinander haben – beim Spazierengehen im Park, beim Spielen im Garten oder einfach beim Kuscheln auf der Couch.

Hunde besser verstehen

Jeder Hundebesitzer wünscht es sich: Sein Tier verstehen, dessen Bedürfnisse kennen und das Verhalten richtig interpretieren können. Und ebenso kennen jedes Herrchen und jedes Frauchen Situationen, in denen genau das nicht funktioniert. Es kommt zu Vorfällen, die einen völlig überraschen, und der Hund zeigt Verhaltensweisen, die beunruhigen, Probleme schaffen und einen zunächst völlig ratlos zurücklassen: Warum hat er das jetzt getan? Der Hund mag gut erzogen sein und effektives Training genossen haben, Sie gehen stets verantwortungsvoll und vorbildlich mit Ihrem Tier um und trotzdem läuft nicht alles so, wie es sollte. Sie können es sich denken: Ganz vermeiden lässt sich das nie. Mit Ihren Mitmenschen teilen Sie sogar die gleiche Sprache, was aber keinesfalls vor Missverständnissen und Schwierigkeiten schützt. Ihr Hund ist Ihnen in seinem Wesen noch um einiges fremder und ganz wird sich dieser Artenunterschied natürlich nie überbrücken lassen.

Allerdings kann man einiges tun, um das Zusammenleben unkomplizierter und konfliktfreier zu gestalten, und ganz am Anfang stehen hierbei Wissen und Verständnis. Als vernunftbegabter Mensch haben Sie die Möglichkeit, sich mit allen Erkenntnissen vertraut zu machen, die die Wissenschaft über das Wesen des Hundes zusammengetragen hat, und das ist nicht wenig. Grundlagen über Evolution und Sozialverhalten des besten Freundes des Menschen sollten jedem Hundebesitzer eine Selbstverständlichkeit sein, denn so manche problematische Situation erklärt sich damit ganz von selbst und manche Eigenheiten des Tieres werden zu logischen Verhaltensweisen. Hundetraining und die Verwendung bestimmter Zeichen – wie eben Calming Signals – spielen eine wichtige Rolle im entspannten Umgang mit dem Haustier, sinnvoll und situationsbezogen einsetzen kann man sie jedoch erst, wenn man auch den Hintergrund versteht.

Schließlich handelt es sich dabei um keine abstrakten Zeichen, auf die beide Seiten – Hund und Mensch – sich geeinigt hätten, wie etwa Buchstaben eines Alphabets. Vielmehr entspringen sämtliche Calming Signals dem ursprünglichsten und instinktivsten Wesen des Hundes selbst und sie sind Ergebnis jahrtausendelanger evolutionärer Entwicklung. Werfen wir also zunächst einen ausführlichen Blick auf das Wesen des Hundes an sich und auf die spannende Entwicklung vom wilden Wolf zum treuen Gefährten.

DAS WESEN DES HUNDES

Das kleine Fellbündel, das sich vertrauensvoll auf dem Sofa einkuschelt und kaum größer ist als eine Katze, wirkt nicht mehr sonderlich wild und wenn es geduldig und auch etwas hilflos vor der Futterdose auf deren Öffnung durch seinen Menschen wartet, kann man sich kaum vorstellen, dass man hier ein Raubtier vor sich hat. Aber trotzdem wissen wir, dass auch der kleinste Chihuahua letztlich in der Nachfolge von Vorfahren steht, die bis heute noch als Inbegriff der Wildheit gelten: Wölfe. Wer sich heute mit uns den Haushalt teilt, wird allgemein als Haushund bezeichnet (Canis lupus familiaris). Streng genommen wird damit eine bestimmte Haltungsform ausgedrückt, denn biologisch gesehen sind auch Streuner und verwilderte Straßenhunde Haushunde, denn sie sind domestiziert, auch wenn ihnen die Sozialisation fehlt. In diesem Buch jedoch werden sowohl die Bezeichnung „Hund“ als auch „Haushund“ für die Vierbeiner verwendet, die tatsächlich eng an der Seite der Menschen leben und mit diesen sozialisiert sind.

Ganz gleich, wie sie leben, stammen sie jedoch alle vom großen wilden Vorfahren, dem Wolf (Canis lupus), ab und dass dieser Urahn noch tief in den Genen steckt, ist auch für Laien ganz offensichtlich. Ähnlichkeiten im Äußeren sind bei bestimmten Rassen augenfällig und wer mit kleinen Kindern den Zoo besucht und vor dem Wolfsgehege das Glück hat , einen Blick auf die eher scheuen Bewohner zu erhaschen, der stellt fest, dass Kinder ihn ganz selbstverständlich mit dem Schäferhund des Nachbarn gleichsetzen. Von ihren wilden Ahnen haben die heutigen Haushunde sich jedoch bereits vor langer Zeit getrennt. Wann genau der Wolf nun zum Hund wurde, darüber ist sich die Forschung bis heute uneins, man datiert die Domestizierung zurück auf den Zeitraum von vor 15.000 bis 100.000 Jahren. Die ältesten Knochenfunde, die bereits eindeutige Domestizierungsspuren tragen, sind höchstens 40.000 Jahre alt. Aber ohnehin muss man sich die Domestizierung als einen langen Prozess der Annäherung vorstellen. Der Wolf verstand irgendwann, dass die Nähe des Menschen einen stets reichhaltigen Speiseplan bedeutete. Essensreste, Abfälle und sonstige Hinterlassenschaften boten eine willkommene Abwechslung und Ergänzung zur eigenen Beute und umgekehrt erkannte auch der Mensch den Nutzen des Wolfes in der Nähe. Er hielt Lager oder Siedlungen sauber, indem er Reste vertilgte, was wiederum die Zahl an Schädlingen und Parasiten, wie etwa Ratten, dezimierte. Die Folge waren verringerte Fraßschäden und vermutlich auch ein Rückgang an von den unerwünschten Mitbewohnern hervorgerufenen Krankheiten. Auch vor manch großen und potenziell gefährlichen Tieren bot der Wolf – vor allem im Rudel – Schutz und je enger man mit ihm „zusammenarbeitete", desto mehr wurde er auch zum Helfer bei der Jagd.

Die Koexistenz von Wolf und Mensch ist also als klassische Win-Win-Situation zu bezeichnen und der Mensch entschloss sich schließlich dazu, nicht nur darauf zu hoffen, dass ein williges Wolfsrudel zufällig seine Dienste anbieten möge, sondern trieb das Zusammenleben aktiv voran, indem er sich einzelne Tiere bewusst auswählte und an sich band. So entstand die Zucht, für die naturgemäß die zahmsten und friedfertigsten Exemplare verwendet wurden, denn schließlich hatte der Mensch kein Interesse daran, gefährliche Bestien in seinen Lagern zu halten. Diese Verfahren spezifizierten sich im Laufe der Jahrtausende und man begann, einzelne Tiere nach bestimmten Kriterien auszuwählen und über kontrollierte Fortpflanzung dafür zu sorgen, dass bestimmte Merkmale deutlicher ausgeprägt wurden, abhängig davon, ob man einen Hund etwa für Hüte- oder für Jagdzwecke benötigte. So bildeten sich eine Vielzahl von Rassen heraus, die heute im Hinblick auf Körpergröße, Fell und einzelne Merkmale wie Ohren, Schwanz, Schnauzenform und vieles mehr eine beeindruckende Vielfalt anbieten.

So kam also der Wolf zum Menschen, indem er Hund wurde – aber ganz abgelegt hat er seine ursprüngliche Prägung längst nicht. Und genau dies gilt es, als Hundebesitzer, -züchter oder -trainer stets im Hinterkopf zu behalten. Die Bedürfnisse und Prägungen der Wölfe bilden den Hintergrund, vor dem unsere heutigen Hausgenossen ihr Verhalten ausbilden, und den Hundehalter kennen sollten, um ihren Vierbeiner verstehen und angemessen mit ihm umgehen zu können.

Sehen wir uns also die ganz grundlegenden Merkmale der Wolfsnatur einmal genauer an. Zunächst ist festzuhalten, dass der Wolf ein Raubtier ist. Er gehört zur Ordnung der Raubtiere (Carnivora), wie es auch unsere Hunde heute immer noch tun. Das bedeutet, dass der Wolf sich seine Nahrung über die Jagd beschafft und also über angeborene Instinkte zum Jagen und Töten verfügt, wobei einige Raubtiere zusätzlich auch Aas nicht verschmähen. Der Wolf geht vornehmlich auf die Jagd, und zwar tut er das nicht allein, sondern im Verband, welcher als Rudel bezeichnet wird. Hier sind wir beim zweiten bedeutenden Merkmal dieser Tiere: Sie sind nicht nur Raubtiere, sondern eben auch Rudeltiere. Das bringt zwingend mit sich, dass auch die Jagd auf diese Form des Zusammenlebens ausgerichtet ist. Wölfe jagen gemeinsam und in sorgsam austarierter Gruppendynamik. Klare Hierarchien und Zuständigkeiten sowie präzise Verhaltensregeln sind unverzichtbar, wenn auf diese Art erfolgreich Beute gemacht werden soll, was wiederum in engem Zusammenhang mit der Sozialisation steht. Effiziente, verlässliche Gruppendynamik auf der Jagd kann nur erreicht werden, indem auch abseits der Nahrungsbeschaffung die Verbindung zwischen den einzelnen Tieren sowohl intensiv als auch klar geregelt ist, weswegen innerhalb eines Wolfsrudels ein ausgefeiltes soziales Geflecht existiert, das oftmals auf den ersten Blick nicht zu verstehen ist – mancher Teenager-Clique nicht unähnlich.

Diese sozialen Verbindungen sind nun für den Wolf nicht nur notwendiges Übel für die erfolgreiche Jagd. Ganz im Gegenteil ist er so sehr daran gewöhnt, sein Verhalten in den Kontext eines Rudels zu stellen, dass er soziale Bedürfnisse entwickelt hat, die für sein Wohlergehen auch befriedigt werden müssen. Zwar gibt es auch wölfische Einzelgänger, die allein die Wälder durchstreifen, allerdings ist dies in der Regel nur als Übergangsphase gedacht: Es handelt sich meist um Jungwölfe, die sich von ihrem ursprünglichen Rudel getrennt haben, um eine eigene Familie zu gründen. Denn ein Rudel ist meist letztlich ein größerer Familienverband mit den Elterntieren als Anführern, ihren Welpen und oft auch Jungwölfen früherer Jahrgänge, die in den Folgejahren den Eltern bei der Aufzucht der jeweils Kleinsten helfen.

Manchmal stoßen auch familienfremde Einzeltiere zum Rudel, bleiben jedoch in der Regel nur vorübergehend und schließen sich dem Rudel nicht endgültig an, sondern überbrücken hier lediglich die Zeit bis zur Gründung der eigenen Familie.

Diese beschriebenen Charakteristika gelten nun für den Wolf – heute wie vor tausenden Jahren – und damit haben sie natürlich auch Relevanz für unsere heutigen Haushunde. Schließlich ist vieles in ihrem Verhalten in den Genen angelegt und im Hinblick auf beispielsweise Ernährung haben sich kaum grundsätzliche Änderungen ergeben. Das trifft allerdings nicht auf alle Aspekte zu und die größten Änderungen finden sich sicherlich im Sozialverhalten. Bis heute gibt es in zahlreichen Internetposts Diskussionen um die Frage, ob der Hund denn nun ein Rudeltier sei oder nicht. Fest steht, dass unsere Vierbeiner heute nicht vorrangig für ein Hunderudel sozialisiert werden.

Vielleicht wachsen sie in einem Haushalt mit mehreren Hunden auf oder eine Zeit lang mit ihren Geschwistern, für den Familienhund werden jedoch rasch die ihn umgebenden Menschen zu seinen primären Sozialisationspartnern. Auf sie stimmt er sein Verhalten ab, mit ihnen möchte er konflikt- und gefahrlos zusammenleben und ihr Wohlwollen ist sein höchstes Gut. Allerdings greift er natürlich in seiner Sozialisation mit Menschen auf die ursprünglichen Anlagen zurück, die von der Wolfssozialisation im Rudel herrühren. Und auch die früheste Sozialisation in den ersten Lebenswochen findet selbstverständlich in Bezug auf seine Artgenossen statt. Deswegen gilt dieser Frühphase besondere Aufmerksamkeit in der Hundeerziehung und die einzelnen Prozesse soll das nächste Kapitel darstellen, in dem das Sozialverhalten unserer Vierbeiner genauer unter die Lupe genommen wird.

Ob Wolf oder Hund, eines sind sie übrigens beide nicht: Fluchttiere. Das führt nicht selten zu Missverständnissen, wenn Menschen erwarten, dass der Hund gewissermaßen ununterbrochen auf der Hut ist und bei Gefahr oder zu starker Annäherung die Flucht ergreifen würde. Dieses Verhalten ist etwa im Pferd oder Hasen angelegt, Hunden und Wölfen ist es fremd – im Zweifel kommt es zum Angriff.

HIERARCHIEN UND RUDELVERHALTEN

Auch, wenn feststeht, dass unsere Vierbeiner kaum im Rudel leben, sind Sozialverhalten und damit insbesondere Hierarchien für sie von höchster Bedeutung. Denn schließlich wachsen sie als Welpe in einem Wurf anderer Welpen auf, werden von ihrer Mutter gesäugt und in ihren ersten Wochen oder Monaten großgezogen und auch später kommt es immer wieder zum Kontakt mit Artgenossen. Das können weitere Hunde in der Familie sein, das Tier des Nachbarn oder Zufallsbekanntschaften im Park. Es ist also unerlässlich, dass jeder Hund grundlegende Muster erlernt, wie er sich mit seinen Artgenossen verständigen kann. Zum grundsätzlichen Verständnis der Prinzipien des Verhaltens von Hunden untereinander dient einmal mehr das Beispiel der wilden Urahnen als Muster.

Bei den Wölfen zeigt sich, dass der Fokus im Rudelverhalten darauf liegt, Konflikte möglichst zu vermeiden. Es gibt eine klare Rangordnung, innerhalb derer jedes Mitglied des Rudels seinen Platz hat, beispielsweise hinsichtlich der Fraßordnung oder dem Anspruch auf Fortpflanzung. Das ist überlebenswichtig, um jedem Mitglied ausreichenden Zugang zu Ressourcen wie Nahrung und Wasser oder auch zu geschützten Orten zu ermöglichen. Gleichzeitig wird damit verhindert, dass diese Angelegenheiten jedes Mal aufs Neue geklärt werden müssen, was Kraft, Zeit und auch Aufmerksamkeit kostet. In der Natur können die Wölfe es sich schlicht nicht leisten, darauf zu verzichten, den

Anweisungen eines „Chefs“ zu folgen. Die Hierarchiebildung unterscheidet sich stark zwischen wild lebenden Wolfsrudeln und solchen in Gefangenschaft, grundsätzlich ist aber Deeskalation das leitende Prinzip. Denn schließlich gereicht es dem ganzen Rudel zum Schaden, wenn einer der Mitjäger verletzungsbedingt ausfällt. So ist es auch ein deutliches Zeichen der Überlegenheit von Leittieren, sich nicht auf jede kleine Provokation untergeordneter Familienmitglieder einzulassen, ganz im Gegenteil ist oft auch schlichtendes Eingreifen zu beobachten. Was man bei Rudeln in Gefangenschaft beobachten kann: Es kommt vor, dass ein Tier in die Rolle des Mobbingopfers gerät.

Man bezeichnet diese Position manchmal als Omega-Wolf, an dem die anderen Mitglieder des Rudels ihre Aggressionen auslassen. Ein solches Verhalten lässt sich in freier Wildbahn nicht beobachten, wäre hier ein Tier einer derartigen Behandlung ausgesetzt, so würde es das Rudel verlassen, um sein eigenes zu gründen. Es ist erst die Unmöglichkeit, auszuweichen, die dieses Verhaltensmuster hervorruft, und natürlich hat es auch eine gewisse Relevanz, wenn man sich mit Haushunden beschäftigt. Denn nicht selten sind hier die Sozialkontakte durch den Menschen vorgegeben und die beteiligten Tiere haben keine Möglichkeit, sich der Situation einfach zu entziehen, etwa bei mehreren Hunden in der Familie und bei erzwungenen Kontakten auf Hundespielwiesen etc. All diese Grundsätze der Wolfssozialisation sollte man stets im Hinterkopf behalten, wenn man sich mit der Interaktion unserer Haushunde beschäftigt. Denn nicht selten liegt hierin der Schlüssel zu beobachtetem und scheinbar unerklärbarem Verhalten und viele der wölfischen Grundsätze müssen auch in der Hundeerziehung unbedingt beachtet werden. Wie läuft nun aber die

Sozialisation unseres vierbeinigen Freundes ab? Der oberste Grundsatz lautet: Die ersten Lebensmonate oder gar -wochen sind entscheidend. Was ein Hund hier versäumt, wird er später nie vollständig aufholen können – ähnlich wie auch beim Menschen die frühkindliche Prägung später kaum oder gar nicht mehr zu kompensieren ist. Hunde, die in den ersten 14 Lebenswochen keine Sozialisation erfahren haben, sind später praktisch nicht trainier- oder erziehbar. Die wichtigsten Prozesse laufen etwa zwischen der 3. und der 12. Lebenswoche eines Welpen ab. Das noch junge Gehirn ist zwar lebensbereit und der Hund ist mit allen Instinkten und Reflexen auf die Welt gekommen, die er unmittelbar benötigt – er kann also fressen, urinieren, atmen etc. –, abgesehen davon kann man sich sein Hirn jedoch als eine Art weißes Blatt Papier vorstellen, das noch beschriftet werden muss. Es bilden sich nun rasch und vielfach neuronale Verbindungen aus, also Verbindungen zwischen Nervenzellen im Gehirn, in denen sich neue Erfahrungen und daraus gezogene Lehren abspeichern.

Es ist also nur logisch, dass in dieser Phase die Hauptsozialisierungsarbeit geleistet wird, denn schließlich bedeutet Sozialisierung letztlich nichts anderes als das Erlernen und Abspeichern von Wahrnehmungs- und Verhaltensmustern. Der Welpe lernt in dieser Zeit den Umgang mit seinen Artgenossen, den Umgang mit anderen Tieren, mit Menschen und mit verschiedensten Umweltreizen. Ganz zu Beginn steht naturgemäß die Interaktion mit anderen Hunden, in diesem Fall mit dem Muttertier und den Geschwistern. Hier lernt der noch winzige Welpe die ersten Lektionen des Sozialverhaltens, genau wie Wolfswelpen im elterlichen Rudel dies tun. Während es jedoch beim Wolf selbstverständlich ist, dass der Nachwuchs den intensiven elterlichen Kontakt so lange aufrechterhält, wie es für seine Entwicklung nötig ist, werden Hunde in der Regel irgendwann vom Halter oder Züchter aus der Familie herausgenommen und abgegeben. Es erklärt sich selbst, dass dies auf keinen Fall zu früh geschehen darf, denn die Sozialisierungsarbeit von Mutter und Geschwistern kann kein noch so hingebungsvoller Mensch ersetzen. Allerdings spielt auch die menschliche Gesellschaft ab einem sehr frühen Zeitpunkt eine entscheidende und unersetzliche Rolle im Leben des Hundes. Es ist die Verantwortung des Halters, den Welpen in dieser sensiblen Entwicklungsphase mit möglichst vielen Reizen vertraut zu machen. Das junge Tier sollte eine weite Bandbreite an Erfahrungen machen, um diese neuronal verarbeiten und abspeichern zu können, um dann als ausgewachsener Hund auf diese Grundlagen zurückzugreifen. Konkret bedeutet das: Den Kontakt zu anderen Hunden ermöglichen – insbesondere die Bedeutung gut geleiteter Welpenspielgruppen wird in diesem Zusammenhang immer wieder betont! –, das Zusammentreffen mit Menschen herbeiführen und dafür sorgen, dass das Junge auf andere Tiere wie etwa Katzen oder Vögel trifft. Eine große Variabilität ist hier ausschlaggebend für den späteren Erfolg. Welpen sollten also Kinder ebenso treffen wie große Männer mit tiefen Stimmen, das Gleiche gilt für Zusatzattribute wie Menschen mit Brillen, Hüten, Gehstöcken oder wehenden Mänteln. Und am besten lernen sie ausgewachsene Schäferhunde ebenso kennen wie Zwergpinscher oder Pudel, agile Jungtiere und ältere Hunde, aktive, laute Kläffer und ruhigere Artgenossen. Ein Besuch im Zoo oder Wildpark gewöhnt den Junghund an Geruch und Anblick verschiedener

Tiere und eine bunte Mischung sorgt hier für bestmögliche Erfolge. Gleichwohl ist darauf zu achten, dass das Tier nicht überfordert oder überreizt wird und dass stark negative Erfahrungen möglichst vermieden werden. Insgesamt stellen all diese Begebenheiten die Sozialisation des Hundes dar, hinzu kommt die Habituation. Sie beschreibt die Gewöhnung an Dinge im Alltagsleben des Hundes, die abseits der Interaktion mit Artgenossen, anderen Tieren oder dem Menschen stehen.

So lernen Hunde zum Beispiel den Lärm eines vorbeifahrenden Autos kennen und tolerieren, das Geräusch der Türklingel, den Geruch des Grills, die hektischen Bewegungen spielender Kleinkinder und viele andere Dinge. Es versteht sich von selbst, dass eine möglichst breite Gewöhnung äußerst wünschenswert ist, denn was der Hund in dieser Phase kennenlernt und als ungefährlich einstuft, wird abgespeichert und führt im späteren Hundeleben zu keinen Problemen. Im Umkehrschluss: Je weniger solcher Lernprozesse Jungtiere durchmachen, desto häufiger entwickeln sie später Ängste und legen unerwünschtes bis problematisches Verhalten an den Tag.

Erfolgreich sozialisiert sind Hunde dann in der Lage, untereinander Hierarchien und Rangordnungen zu etablieren. Erneut sind sie hierbei ihren wilden Vorfahren sehr ähnlich und das Ausbilden solcher Ordnungen folgt klaren Prinzipien. Beide – Hunde und Wölfe – gestalten ihre Hierarchien nicht linear, sondern diese bestehen letztlich aus der Gesamtheit aller Zweierbeziehungen innerhalb eines Rudels oder einer Gruppe. Während die Ausbildung einer solchen Ordnung bei Wölfen zwangsläufig erfolgt, geschieht dies unter Hunden nicht immer. Denn schließlich leben viele als Einzelhunde bei ihren Haltern und wenn sie beim Spaziergang auf andere Hunde treffen und möglicherweise sogar mit ihnen herumtollen, bilden sie nicht unbedingt eine Rangordnung aus. Das passiert nur unter Tieren, die tatsächlich zusammenleben oder täglich einen längeren Zeitraum miteinander verbringen.

Sich ergebende Hierarchien sind im Übrigen nicht in Stein gemeißelt, weder beim Hund noch beim Wolf, sondern können sich im Laufe der Zeit verändern oder sogar situationsbedingt angepasst werden. Rangordnungen beruhen zudem, wie fälschlicherweise oft angenommen, nicht auf Gewalt. Zwar bedarf es oftmals einiger Kämpfe, um die Ordnung auszuhandeln, einmal etabliert kommen Gewalthandlungen jedoch sehr selten vor. Denn die schlussendliche Hierarchie fußt auf Respekt der Unterlegenen den Überlegenen gegenüber.

Alphatiere haben es somit kaum nötig, ihre Vormachtstellung unter Beweis zu stellen, denn die erstrittene Ordnung ist allen bekannt und wird in der Regel akzeptiert. Warum dies allen Seiten dienlich ist, wurde bereits bei der Beschreibung des Wolfsrudels erläutert: Keiner der Beteiligten hat etwas davon, wenn ein Rudelmitglied verletzt ist. Also kommt es nur zu Kämpfen, wenn etwa ein Neuling zur Gruppe stößt oder ein junges Tier den etablierten Anführer irgendwann herausfordern möchte. Auch dieses Verhalten macht Sinn, denn die Alphatierstellung bringt das Vorrecht der Fortpflanzung mit sich und es ist schließlich in evolutionärer Hinsicht wünschenswert, wenn möglichst junge, gesunde und starke Tiere sich vermehren. Mit der Errichtung von Hierarchien in engem Zusammenhang steht das Feld des Konfliktverhaltens beim Hund. Allerdings darf man sich hier vom Begriff des „Konflikts“ nicht in die Irre leiten lassen, denn er bezieht sich nicht nur auf Konflikte zwischen zwei Tieren, sondern zunächst einmal auf widersprüchliche Verhaltenstendenzen im Individuum. Es gibt den typischen Konflikt zwischen zwei Hunden, die sich beispielsweise beim Spielen auf einer Hundewiese begegnen oder beim Spazierengehen, und der vielleicht mit Knurren, Beißen und Ducken einhergeht.

Daneben gibt es den Verhaltenskonflikt, der letztlich im Hund selbst abläuft und durch zwei widerstreitende Impulse ausgelöst wird. Ein solcher entsteht beispielsweise, wenn der Hund einen Hasen entdeckt, dem er nachjagen möchte, und gleichzeitig von seinem Besitzer den Befehl erhält, sich hinzusetzen. In ihm kämpft dann der Trieb, den Hasen zu verfolgen, gegen den Wunsch, den Anordnungen seines Halters Folge zu leisten. Das aus solchen Situationen resultierende Verhalten wird dann als Konfliktverhalten bezeichnet und für die verschiedenen Handlungsmuster hat sich die Beschreibung mit den 4 F‘s etabliert: Fight, Flight, Freeze und Flirt. Zusammengefasst stehen jedem Hund Verhaltensweisen aus diesen vier Kategorien zur Verfügung, wenn er irgendeine Form des Konflikts zu lösen hat. Manche davon dienen ganz konkret der Auslösung eines bestimmten Verhaltens im Gegenüber, andere zielen darauf ab, sich selbst zu beruhigen bzw. einen nicht befriedigten Trieb anderweitig zu „entladen“. Verhalten aus der Fight-Kategorie ist recht einfach zu erkennen und erscheint meist auch dem menschlichen Beobachter logisch: Es geht um Kampf- und Angriffshandlungen, wie etwa Drohen, tatsächliche Angriffe mit Beißen und Kämpfen und Scheinangriffe, oder alle diesbezüglichen Handlungen, die trotz Leine möglich sind, wie etwa Hochspringen oder Knurren. Auch Flight-Verhalten, also Fluchtverhalten, ist recht klar umrissen und zeigt sich in Wegrennen oder dem Versuch, einer Bedrohungsquelle möglichst auszuweichen. Das Gleiche gilt für Freeze-Verhalten: Der Hund erstarrt, friert also in seinen Bewegungen ein. Er bleibt etwa einfach starr stehen und weigert sich, weiterzugehen, hält in all seinen Bewegungen inne, legt sich vielleicht hin oder hält gar die Luft an. Es ist letztlich das Verhalten, das der Volksmund als Schockstarre bezeichnet – Nicht-Agieren als Lösung eines Konflikts.

Und zuletzt das Flirt-Verhalten. Es ist die ambivalenteste Kategorie der hündischen Konfliktstrategien und sie führt oftmals zu Irritation und Unverständnis, weil einzelne Handlungen zunächst völlig sinnlos erscheinen. Im schlimmsten Fall kommt es gar zu Missverständnissen, weil ein Verhalten etwa fälschlicherweise als aggressiv gewertet wird, aus dem ursprünglichen Kontext aber gänzlich herausgelöst ist. Unter Flirten fällt alles, was man als welpiges, herumalberndes Verhalten wahrnimmt, Herumspringen, spielerisches Leinenbeißen, Winseln, aktive Demut und vermeintliche Spielaufforderungen. Allerdings beschränkt sich das Flirtverhalten nicht nur auf diese vielleicht als spielerisch empfundene Verhaltensweisen, sondern es kommt auch zu Handlungen aus den Kategorien Übersprungshandlung, Umleitungsverhalten oder Leerlaufhandlungen. Diese merkwürdig erscheinenden Aktivitäten sind der Verhaltensbiologie seit Langem bekannt, viele Tiere legen sie an den Tag und nicht selten auch der Mensch. Die Forschung erklärt ihren Sinn damit, dass auf diese Weise aufgebaute Anspannung durch eine Ersatzhandlung abgebaut wird – Ersatzhandlung deshalb, weil nicht der ursprüngliche Trieb, der den Handlungsdruck aufgebaut hat, befriedigt wird, sondern sich die Anspannung anderweitig entlädt, wie über einen Blitzableiter. Übersprungshandlungen sind Verhaltensweisen, derer ein Hund sich bedient, wenn in ihm zwei widerstreitende Impulse gleich stark sind und er sich nicht entscheiden kann. Dem Hasen nachlaufen oder dem Herrchen folgen? Was er tatsächlich tut: sich vielleicht beknabbern oder kratzen. Er zeigt also ein Verhalten, das in der aktuellen Situation überhaupt nicht zweckdienlich ist, indem er einem dritten, irgendwo im Hintergrund vorhandenen Impuls folgt, der mit den beiden akut widerstreitenden überhaupt nichts zu tun hat. So baut er Anspannung ab und schindet auch Zeit – in der Zwischenzeit intensiviert vielleicht das Herrchen seinen Befehl und es ist dann ganz klar, welchem Trieb er zu folgen hat. Umleitendes Verhalten bringt nun nicht eine völlig andere Verhaltensweise ins Spiel, sondern verlagert lediglich den bereits verspürten Trieb. Der Hund hat etwa den Instinkt, die Hauskatze zu beißen, weiß aber genau, dass sein Herrchen dieses Verhalten nicht tolerieren würde.

Also beißt er nicht die Katze, sondern stattdessen ein Spielzeug oder womöglich den Halter. Leerlaufhandlungen sind schließlich sinnentleerte Verhaltensweisen, beispielsweise der angreifende Sprung auf eine Beute, die nicht existiert. Damit ist nicht der Angriff auf etwa ein Blatt gemeint, denn auch, wenn dies keine ernst zu nehmende Beute ist, so hat die Handlung doch ein Ziel, sondern gemeint ist der tatsächliche Sprung ins Leere. Dieses Verhalten wird vornehmlich bei Welpen beobachtet, ausgewachsene Hunde zeigen es selten und auch hierbei wird der Abbau von Anspannung als Motivation vermutet. Besonders oft zeigt es sich im wilden Spiel und es wird offensichtlich vom bereits „aufgedrehten“ Welpen genutzt, um sich zwischendurch wieder ein wenig zu erden. Und schließlich stehen dem Hund noch eine Reihe weiterer Verhaltensweisen zur Verfügung, wenn es tatsächlich um den Konflikt mit Artgenossen geht. Wenn er sich nicht für Kampf oder Flucht entscheidet, greift er auf Handlungsmuster aus dem Repertoire der Beschwichtigungen zurück. Hiermit soll ein ernster Kampf vermieden werden, indem der Hund Signale sendet, die in seinem Gegenüber keine aggressiven Tendenzen auslösen können. Damit soll ein Kampf vermieden oder eine bestehende Auseinandersetzung beendet werden, ohne dass zu viele Energieressourcen aufgebraucht werden. Beim Hund kann hier beobachtet werden, dass er sich kleinmacht, die Schnauze leckt oder das sogenannte pföteln zeigt. Hier kommen auch die Calming Signals ins Spiel, um die es in diesem Buch schließlich noch detailliert gehen wird. Sie alle haben die gleiche Absicht: Beruhigen, also englisch *(to) calm*.

Bei allem, was nun hier beschrieben wurde, handelt es sich natürlich nur um eine Zusammenfassung des hündischen Sozialverhaltens. Verhaltensforscher haben ganze Bücher über die Sozialisation und das Rudelverhalten sowohl von Wolf als auch von Hund geschrieben, als Hintergrundwissen für die erfolgreiche Arbeit mit Calming Signals sind die erläuterten Grundlagen jedoch hilfreich und ausreichend. Sie ermöglichen Ihnen als Hundebesitzer, ein profundes Verständnis von den ureigensten Verhaltensmerkmalen des Wesens Hund an sich zu entwickeln, auf das Sie bei sämtlicher Interaktion mit Ihrem Tier zurückgreifen können. Bestimmte Verhaltensmuster lassen sich mit diesem Wissen ganz einfach erklären und auch viele Fehler, die in der Hundeerziehung oft gemacht werden, fallen ganz von selbst weg, da die Natur des Hundes an sich schon dagegenspricht.

HÜNDIN, RÜDE, KASTRIERTER RÜDE: GESCHLECHTSSPEZIFISCHE UNTERSCHIEDE IM VERHALTEN

Die grundsätzliche Natur des Hundes hilft bereits ungemein beim Verständnis seines Verhaltens, es gibt jedoch noch weitere Aspekte, die großen Einfluss auf die Verhaltensmuster einzelner Tiere haben. Zum einen ist hier natürlich die Rasse zu nennen, die bestimmte Merkmale besonders stark ausprägt oder andere unterdrückt. Die schiere Vielzahl an Rassen macht eine genaue Beschreibung für ein Buch wie dieses jedoch nicht sonderlich sinnvoll, insbesondere, weil das eigentliche Thema – die Calming Signals – rasseunabhängig betrachtet werden kann, deswegen wird auf rassespezifische Unterschiede hier nicht weiter eingegangen. Was jedoch bei Hunden aller Rassen eine wichtige Rolle spielt und bei der Betrachtung des allgemeinen Sozialverhaltens nicht unter den Tisch fallen sollte, ist die Frage nach dem Geschlecht. Hündinnen, Rüden und kastrierte Rüden weisen in ihrem Verhalten spezifische Merkmale auf, deren Kenntnis für ein grundlegendes Verständnis davon unverzichtbar sind. Zunächst einmal: Genaue Charakterzuweisungen an Hündinnen und Rüden sind in der Regel übertrieben stereotyp.

Das alltägliche Verhalten eines Haushundes wird zu einem weitaus größeren Teil von seiner Erziehung, seiner Rasse und seinem individuellen Charakter beeinflusst als von seinem Geschlecht. Während die einen auf verschmuste Hündinnen schwören und die anderen auf agile Rüden, so gibt es zu jeder Variante eine Menge Gegenbeispiele, allerdings lassen sich einige Unterschiede durchaus objektiv feststellen. Vieles davon liegt schlicht in der biologischen Realität begründet und hängt mit Hormonhaushalt und Aufgabenverteilung im Rudel zusammen.

So lässt sich ganz grundsätzlich festhalten, dass schon im Wolfsrudel, aber auch in Gruppen wild zusammenlebender Straßenhunde ganz klare Geschlechteraufteilungen feststellbar sind. Männliche Tiere sind für externe Angelegenheiten zuständig, weibliche kümmern sich um die innerfamiliären Dinge. Die Erklärung dafür liefert die Biologie: Zunächst einmal sind Rüden tendenziell größer und kräftiger und also rein körperlich besser geeignet, das Rudel nach außen zu verteidigen, Reviere abzustecken und den Zugang zu Ressourcen zu erstreiten. Außerdem obliegen den Hündinnen bzw. Wölfinnen schließlich Geburt und Aufzucht des Nachwuchses.

Das bedeutet zunächst, dass sie eine Reihe anderer Aufgaben zu erledigen haben, die ihnen für Revierkämpfe wenig Zeit lassen, außerdem sind sie während ihrer Trächtigkeit eventuell geschwächt und in ihrer Beweglichkeit eingeschränkt. Letztlich geht es aber um noch weitreichendere Zusammenhänge: Kommt es zum Kampf und dieser endet mit schweren Verletzungen oder gar tödlich, ist der Verlust einer Hündin für ein Rudel weitaus schwerer zu verschmerzen. Schließlich könnte sie gerade trächtig sein oder frisch geborenen Nachwuchs zu versorgen haben – ihr Tod zöge somit den Tod einiger weiterer Familienmitglieder nach sich. Ein einzelner im Kampf gefallener Rüde lässt sich weitaus leichter ersetzen. Nachdem dieser Umstand die Rollenverteilung festlegt, unterstützt auch der Hormonhaushalt die entsprechenden Aufgaben. Somit lassen sich einige Verhaltenstendenzen durchaus feststellen.

Rüden sind im Vergleich zu Hündinnen rauflustiger, schnüffeln weiter herum und befassen sich generell mit der Verteidigung ihres Reviers, wozu auch häufigeres Markieren gehört.

Zu ernsthaften Kämpfen kommt es allerdings selten, meistens werden lediglich sogenannte Kommentkämpfe (Scheinkämpfe) abgehalten, in denen in streng ritualisierter Weise die Überlegenheit ausgefochten wird. Zunächst überraschend wird bei Rüden oftmals eine stärker ausgeprägte Anhänglichkeit beobachtet als bei Hündinnen und sie bleiben häufiger auch bis ins hohe Alter recht verspielt.

Aufgrund ihrer hormonellen Disposition sind Rüden das ganze Jahr über sexuell interessiert und stöbern empfänglichen Hündinnen hinterher, was sich in grundsätzlicher Unruhe, rastlosem Umherstreifen und ständiger Aufmerksamkeit äußern kann. Schwerer erziehbar sind sie – entgegen so mancher Vorurteile – nicht, allerdings kann es leichter einmal passieren, dass einem pubertierenden Teenagerrüden die Pferde durchgehen und er im Hormonrausch kurz alles vergisst, was er an Erziehung je gelernt hat. Und noch eine Überraschung birgt der Rüde: Fremde Welpen sind in seiner Gegenwart tendenziell sicherer als bei Hündinnen. Während die Hündin die Kleinen evolutionär bedingt als Konkurrenz des eigenen Nachwuchses betrachtet, kann der Rüde nie ganz sicher sein, ob die Welpen vielleicht nicht doch seine eigenen sind. Und auch Hündinnen weisen ein paar ganz spezifische Verhaltensweisen auf, die sie von ihren männlichen Artgenossen klar unterscheiden. Am auffälligsten ist die Läufigkeit, die ein- bis zweimal pro Jahr auftritt. Während dieser Zeit steht der Hundealltag oft Kopf: Die Hündin markiert nun eifrig, um allenthalben kundzutun, dass sie gerade fruchtbar ist, gegenüber anderen Hündinnen oder Welpen ist sie feindseliger gestimmt und nicht wenige Tiere werden äußerst erfinderisch und beharrlich, wenn es darum geht, zum Rüden zu kommen. Freilauf ist in dieser Zeit kaum möglich und oft wird auch der Gang mit der Leine für den Halter zum Kraftakt.

Selbst die besterzogene Dame vergisst nun gern die erlernten Kommandos und auch Leckerli oder Spiele werden nebensächlich. Dazu kommt der Blutverlust, der unterschiedlich stark ausfallen kann. Wird die läufige Hündin nicht gedeckt, kommt es in vielen Fällen zur Scheinschwangerschaft. Das Tier hortet und verhätschelt nun Spielzeug oder Hausschuhe, hat wenig Lust auf Spaziergänge, wird recht anhänglich und produziert teils sogar Milch.

Auch dies ist ein im Wolfsrudel durchaus nicht sinnloses Phänomen, ist die Hündin doch so in der Lage, der Leitwölfin bei der Aufzucht ihrer Jungen behilflich zu sein. Weniger auffällig als die Läufigkeit sind andere Verhaltenstendenzen: So werden Hündinnen oft als unabhängiger beschrieben und sie sind nicht selten zickig im Umgang mit anderen Weibchen. Es kommt seltener zu Kämpfen als unter Rüden, aber wenn, dann oft mit größerer Heftigkeit und entsprechenden Verletzungen. Unterschiede im Verhalten lassen sich auch zwischen kastrierten und intakten Rüden beobachten. Hierbei spielt das Sexualhormon Testosteron die entscheidende Rolle, und zwar wirkt es sowohl auf Verhalten als auch auf rein körperliche Aspekte. Physisch ist bei vielen kastrierten Rüden eine Neigung zur Gewichtszunahme zu beobachten, auch Veränderungen des Fells sind nicht selten. In erster Linie hat eine Kastration jedoch Verhaltensänderungen zur Folge, sexualbezogene

Aggressivität nimmt deutlich wahrnehmbar ab. Andere Rüden werden seltener und weniger energisch als Konkurrenten bekämpft und auch die Verfolgung läufiger Hündinnen verliert an Bedeutung. Das gilt natürlich auch für damit verbundene Verhaltensweisen wie Markieren, Nachjagen oder Bellen, wodurch viele Halter ihren kastrierten Hund als unkomplizierter und leichter zu führen wahrnehmen. Besser erziehbar oder generell folgsamer wird ein Hund durch die Kastration jedoch nicht.

Rüden, bei denen das Zeitfenster für Sozialisierung und Training verpasst wurde, werden durch den Entzug der Fortpflanzungsfähigkeit nicht leichter handhabbar und aggressives oder als aggressiv wahrgenommenes Verhalten nimmt nicht unbedingt ab. Dies ist nur der Fall, wenn es in direktem Zusammenhang mit Fortpflanzung steht, erziehungs- oder charakterbedingte Kampf- oder Bellfreudigkeit etwa wird dadurch nicht beeinflusst. Beobachtungen und Studien legen zudem nahe, dass kastrierte Hunde in Stresssituationen emotional weniger stabil sind als intakte Tiere und stärker zu Ängstlichkeit und Unsicherheit im Verhalten neigen. Besitzer berichten zudem vereinzelt davon, dass sie ihre kastrierten Rüden als intelligenter und verspielter wahrnehmen.

UNSERE DOMESTIZIERTEN HUNDE IM ALLTAG

Viele der bisher beschriebenen Verhaltensweisen lassen sich bei Wolf und Hund gleichermaßen beobachten. Sie sind so grundlegende Merkmale der Tiere, dass auch Jahrtausende der Zucht und Evolution daran kaum etwas verändert haben, aber natürlich gibt es auch signifikante Unterschiede. Der augenfälligste Unterschied liegt sicherlich in der Sozialisation mit dem Menschen. Der Wolf kann sich bei häufigem Kontakt an den Menschen gewöhnen, doch eine Bindung mit ihm eingehen wird er nie. Sein soziales Umfeld liegt im Rudel der Artgenossen, sein Verhalten ist auf sie und das Leben in ihrer Gemeinschaft ausgerichtet.

Der Haushund hingegen ist auf den Menschen als primäre Bezugsperson geprägt. Abhängig vom konkreten Lebensumfeld ist diese Fokussierung unterschiedlich stark ausgeprägt, Streuner und Straßenhunde sozialisieren sich, wie bereits erwähnt, in ihrem Hunderudel, für den Hund als Haustier des Menschen gilt dies jedoch nicht. Zwar versteht auch er die Interaktion mit Artgenossen und weiß, sich angemessen zu verhalten, die Hauptbezugsperson ist jedoch der Mensch. Zu ihm entwickelt der Hund eine enge Bindung und Abhängigkeit, die sich ganz unterschiedlich äußern kann.

Der Vierbeiner sucht die körperliche Nähe seines Menschen oder sehnt sich generell nach dessen Gegenwart, er begreift seine Abhängigkeit in Bezug auf die Versorgung mit Nahrung, Sicherheit, Schlafplatz etc., er nimmt den Menschen nicht selten als Problemlöser wahr, wie Versuche gezeigt haben, und er hat das Bedürfnis, seinem Herrchen oder Frauchen zu gefallen. Erst aus diesem Wunsch heraus können schließlich Konfliktsituationen wie die vorhin beschriebenen entstehen, in der ein Hund sich nicht entscheiden kann zwischen dem Befolgen eines menschlichen Befehls und der Hingabe zu einem uralten Trieb. Denn in einer gelungenen Mensch-Hund-Beziehung sieht der Hund seinen Halter schließlich als ihm übergeordnet. Zwar weiß er, dass der Mensch kein Artgenosse ist, er akzeptiert ihn aber fraglos als Alphatier und somit als Rudelführer – allein schon aufgrund der Kontrolle über Nahrung, Aufmerksamkeit, Zuwendung, Schlafplatz etc.

Auch im Wesen lassen sich deutliche Unterschiede erkennen. So sind Wölfe äußerst scheue, vorsichtige Tiere, die genau beobachten, Abstand wahren und bevorzugt im Verborgenen bleiben, vor allem dem Menschen gegenüber. Dem Haushund hingegen ist dieses Verhalten fremd. Zwar gibt es ängstliche, scheue Hunde, dies hängt jedoch mit mangelnder Sozialisation oder gar mit Traumatisierungen zusammen, der typische Haushund ist dem Menschen gegenüber zugänglich, interessiert und annäherungsfreudig. Wölfe entwickeln selbst bei frühem und intensivem Kontakt nur mäßiges Interesse am Menschen und bleiben stets auf ihre Artgenossen fokussiert.

Auf Finger- oder Augenzeig des Menschen reagieren sie nicht, wohingegen Hunde hieran großes Interesse haben. Hunde bemühen sich, Zeichen von Menschen wahrzunehmen und zu deuten, was sie schließlich erst erziehbar macht. Wölfe können zwar – wie die meisten Tiere – konditioniert werden, eine Erziehung, wie sie mit Hunden möglich ist, gelingt jedoch nicht. In ihrem Verhalten dem Menschen gegenüber bleiben sie letztlich stets unberechenbar und taugen definitiv nicht zum Haustier. Zwar ist auch kein Hund zu jedem Zeitpunkt völlig verlässlich in seinem Verhalten (wie schließlich auch der Mensch), es ist aber absolut verantwortbar und möglich, beispielsweise Kinder den Umgang mit ihnen pflegen zu lassen, wohingegen vom Wolf grundsätzlich eine Gefahr ausgeht. Es ist also ganz eindeutig, welche Veränderungen die Jahrtausende der menschlichen Gesellschaft bewirkt haben – sie haben ein Haustier geformt, nämlich den Hund, wohingegen seine wilden Vorfahren das blieben, was sie waren: Wildtiere.

Übrigens: Das vielleicht wolftypischste Verhaltensmerkmal, das Heulen, ist nicht nur dem Wildtier vorbehalten. Auch Hunde zeigen durchaus dieses Verhalten, wenn auch deutlich seltener und nicht so stark ausgeprägt. Nicht wenige Haustiere reagieren jedoch solchermaßen auf bestimmte Geräusche, etwa auf das Läuten von Glocken.

Calming Signals – Die Sprache der Hunde

Die bisherigen Kapitel haben nun einen Grundstein gelegt für das Verständnis vom Handeln und Wesen des Hundes. Mit diesem Wissen im Hinterkopf können wir uns nun dem eigentlichen Thema des Buches zuwenden, nämlich einem ganz besonderen Aspekt im Verhalten unserer Vierbeiner. Denn wie auch wir Menschen haben Hunde eine Sprache, mit der sie untereinander kommunizieren können – aber nicht nur.

WAS SIND CALMING SIGNALS?

Kurz und knapp auf den Punkt gebracht: Es sind Zeichen, die Hunden zur Konfliktlösung bzw. -vermeidung dienen. Der englische Begriff Calming Signals lässt sich gut mit der Bezeichnung Beschwichtigungssignale übersetzen, welche auch in der Literatur gängig ist. Um einem häufigen Missverständnis gleich vorzubeugen: Diese Signale stammen keinesfalls ursprünglich aus dem Hundetraining!

Es sind also keine Gesten oder Verhaltensweisen, die Hundetrainer entwickelt haben, um Hunde leichter erziehen zu können, sondern ureigene Handlungsmuster unserer Vierbeiner. Allerdings werden sie heute mit großem Erfolg eingesetzt, wenn der Mensch versucht, eine gelingende Beziehung zu seinem Haustier aufzubauen. Dabei handelt es sich allerdings um ein vergleichsweise neues Verfahren, denn wirklich erforscht sind diese Signale erst seit den 80-er Jahren. Das liegt unter anderem daran, dass all diese Handlungen auch abseits ihrer Beruhigungsfunktion ganz praktischen Nutzen haben und deswegen nicht unbedingt auffällig sind. So gehören zum Beispiel Hinlegen oder Gähnen dazu, Verhaltensweisen, die also ohnehin selbstverständlich und alltäglich sind. Doch von Anfang an: Die Verhaltensbiologie weiß bereits seit Langem, dass Wölfe wahre Meister der Diplomatie sind. Handfeste Konflikte treten im Wolfsrudel äußerst selten auf und selbst bei Revierstreitigkeiten zwischen Tieren unterschiedlicher Familien kommt es nicht oft zu wirklich gewalttätigen Auseinandersetzungen.

Warum das rein evolutionsbiologisch sinnvoll ist, wurde bereits erklärt – verletzte Tiere sind schließlich eine Belastung für das gesamte Rudel. Allerdings ist es keinesfalls so, dass der Wolfsalltag einfach frei ist von Reibungspunkten und Streitanlässen, ganz im Gegenteil müssen fortwährend Revieransprüche verteidigt, Vorrechte eingefordert und aufmüpfige Jungwölfe in ihre Schranken gewiesen werden. Der Grund dafür, dass diese Konflikte nicht regelmäßig in ernsten Auseinandersetzungen enden, liegt darin, dass Wölfe ein großes und ausgefeiltes Repertoire an Verhaltensweisen entwickelt haben, mit denen eine Eskalation sehr zuverlässig vermieden werden kann.

Sie zeigen verschiedene Haltungen, führen Bewegungen oder Gesten aus oder geben sogar Laute von sich, die einem präzisen Kodex folgen und entweder dafür sorgen, dass ein Konflikt gar nicht erst entsteht, oder im Falle einer Streitigkeit zu rascher Beruhigung führen. Diese Signale sind allen Tieren bekannt und führen deshalb recht zuverlässig zum gewünschten Ziel. Angeboren sind die Verhaltensweisen prinzipiell, der Jungwolf muss allerdings erlernen, sie auch als Beschwichtigungssignal zu verstehen und einzusetzen – ein Hauptgegenstand gelungener Sozialisation. Vom Wolf sind diese Fähigkeiten also durchaus bekannt, allerdings ging man lange Zeit davon aus, dass sie unseren Haushunden fremd sind. Das änderte sich erst mit den systematischen Beobachtungen und Studien der norwegischen Hundetrainerin Turid Rugaas Ende der 1980-er Jahre. Ihr fielen bestimmte Verhaltensweisen auf, die Hunde in unterschiedlichen Stresssituationen immer wieder an den Tag legten, und so begann sie mit umfangreichen Videoaufzeichnungen und der Anfertigung zahlreicher Dias.

Die Analyse des Materials zeigte deutlich, dass auch Hunde über ein präzises und umfangreiches Repertoire an konfliktentschärfenden Verhaltensweisen verfügen, insgesamt wurden zwischen 30 und 37 solcher Signale identifiziert, wobei nicht bei allen eindeutig festzustellen ist, ob sie tatsächlich in Beruhigungsabsicht verwendet werden. Auch zeigt nicht jeder Hund jedes Verhalten, manche beschränken sich auf einige wenige Zeichen, wohingegen andere Tiere ein breites Spektrum an Zeichen nutzen. Dabei spielt es keine Rolle, ob es sich um Hündinnen oder Rüden handelt, ob sie in den USA leben oder in Frankreich, um welche Rasse es sich handelt oder in welchem Umfeld sie leben.

Die Zeichen scheinen in der Hundewelt universell bekannt, anwendbar und verständlich zu sein. Haushunde wenden sie ebenso wie ihre wilden Vorfahren in unterschiedlichen Situationen an, denen allen gemeinsam ist, dass das Tier ein gewisses Stresslevel empfindet. Dies kann in der Auseinandersetzung oder auch nur in der Begegnung mit einem Artgenossen sein, allerdings genauso, wenn der Hund gegenüber etwas anderem verängstigt ist. Aber auch einfach „höfliche" Kommunikationsmittel können die Zeichen sein und damit nicht unähnlich wirken wie beim Menschen. Schließlich haben wir eine gewisse Verhaltensetikette erlernt, um Menschen, denen gegenüber wir sie anwenden, zu signalisieren, „Schau her, ich habe die Absicht, mich dir gegenüber so zu verhalten, wie Anstand, Freundlichkeit und Sicherheitsbedürfnis es in unserer Kultur vorsehen." Oft ist uns diese Botschaft gar nicht mehr bewusst, wenn wir etwa beim Betreten des Einwohnermeldeamtes höflich „Guten Tag" sagen und die Hand ausstrecken.

Führt man sich allerdings die mögliche Alternative vor Augen, wird die Bedeutung dieser belanglosen Floskeln und Gesten schnell offensichtlich: Wenn Sie das Amt betreten, ohne ein Grußwort zu sagen, und einfach nur dastehen oder sofort ihr Anliegen vorbringen, wird Ihr

Gegenüber aufmerken, „Oh, der ist wohl auf Ärger aus. Oder er ist wütend, aufgewühlt etc. – kurz: Ich weiß nicht sicher, was ich von ihm zu erwarten habe." Genau diese Funktion erfüllen die Calming Signals für Hunde, aber eben nicht nur. Abhängig von der Situation und dem Zweck zielen sie dann entweder darauf ab, dem Gegenüber die eigene Friedfertigkeit zu signalisieren, Frieden anzubieten oder aber, sich selbst zu beruhigen.

Die Botschaft an Artgenossen lautet, „Ich bin friedlich gestimmt, ich bin nicht an einem Kampf interessiert, ich werde nichts weiter provozieren, ich werde mich friedlich verhalten, bitte verhalte auch du dich so." Und jeder halbwegs erfolgreich sozialisierte Hund wird diese Ansprache verstehen und sich entsprechend verhalten. Nun wird es für den Hundehalter besonders interessant: Da unsere Haushunde in uns ihre primären Bezugspersonen sehen, wenden sie diese Verhaltensweisen auch uns gegenüber an. Sie versuchen, uns zu beschwichtigen, wenn sie merken, dass wir gestresst sind, oder den Eindruck haben, dass wir mit ihnen böse sind.

Unsere Haustiere sind mit uns so sehr vertraut, dass ihnen zwar klar ist, dass wir keine Artgenossen sind, sie mit uns aber trotzdem auf die gleiche Weise interagieren. Verständlich, schließlich steht ihnen keine andere Sprache zur Verfügung als ihre eigene – ganz im Gegensatz zu uns, die Fremdsprachen erlernen können und eben zumindest ein Stück weit auch die Hundesprache. Nutzen kann der Mensch sie dann auf vielfältige Weise.

Zunächst als aufmerksamer Beobachter, indem er das Verhalten seines Hundes im Umgang mit anderen Hunden oder bestimmten Situationen genau betrachtet. So lässt sich oftmals bereits frühzeitig erkennen, wenn sich Konflikte anbahnen, und als Halter hat man gute Möglichkeiten, einzugreifen und Kämpfe zu vermeiden.

Denn die allermeisten Handgreiflichkeiten zwischen Hunden, zumal zwischen gut sozialisierten, entstehen nicht aus dem Nichts. Kein Hund beißt ohne Vorwarnung zu und Sie als Besitzer können dank der Beschwichtigungssignale die Vorwarnung erkennen. Darüber hinaus können Sie die Zeichen nutzen, indem Sie Ihren Hund auch in anderen Situationen beobachten und erkennen, wenn er sich schlicht unwohl fühlt. Macht ihm beim täglichen Spaziergang ein ganz bestimmter Abschnitt Angst? Beunruhigt ihn ein besonderes Geräusch, stresst ihn die Gegenwart mehrerer tobender Kinder? Oder reagiert er ängstlich, wenn Sie selbst unter Anspannung stehen?

Auch hier können sich einige Möglichkeiten ergeben, Abläufe eventuell anzupassen oder bestimmte Situationen zu vermeiden, um Ihrem Hund unnötige Anspannung zu ersparen. Und selbst bei unvermeidlichen Dingen, wie etwa Straßenlärm oder gar Tierarztbesuchen, können Sie positiv auf Ihr Tier einwirken, wenn Sie erst einmal verstanden haben, dass darin eine Belastung für Ihren Vierbeiner liegt. Gezieltes Gewöhnungstraining etwa kann Ihrem Hund die Angst vor tatsächlich unbedrohlichen Situationen nehmen und falls gar nichts hilft, können Sie ihm immer noch mit besonderer Aufmerksamkeit und Zuwendung beistehen. Und schließlich der vielleicht verblüffendste Nutzen für Sie als Hundebesitzer:

Sie können die Zeichen auch selbst anwenden. Natürlich steht Ihnen als Mensch nicht das gesamte Vokabular zur Verfügung – Ihre eigene Nase zu lecken wird Ihnen nicht gelingen und auch das Schwanzwedeln bleibt dem Menschen begreiflicherweise vorenthalten – aber einige Verhaltensweisen sind durchaus menschengeeignet. So können Sie beispielsweise Ihren Kopf zur Seite drehen und den Blick abwenden, einen Bogen laufen oder Ihre Bewegungen verlangsamen.

Calming Signals sind also eine hervorragende Möglichkeit für Hund und Mensch, sich kommunikativ auf einer Ebene zu treffen, und sie können auch darüber hinaus dem Besitzer wertvolle Informationen liefern. Eine Anmerkung noch zum Abschluss der einleitenden Informationen: All die Verhaltensweisen, die Sie als Calming Signals kennenlernen werden, sind sozusagen doppelt besetzt, das heißt, sie haben auch eine ganz praktische Anwendungsmöglichkeit neben der Abstraktion als Beschwichtigungssignal. Ein typisches Beispiel dafür ist das Gähnen: Es ist eine sehr beliebte und häufige Beschwichtigungsgeste, die viele Hunde verwenden, aber natürlich gähnt ein Hund auch, wenn er müde ist. Genauso züngelt er nicht nur, um einen Artgenossen zu beruhigen, sondern auch, wenn er etwas Leckeres verspeist hat und sich die Reste vom Maul leckt.

Es gilt also, die entsprechenden Verhaltensweisen immer im Kontext zu betrachten und nicht über zu interpretieren. Manchmal lässt sich nicht auf den ersten Blick feststellen, was nun Calming Signal und was situationsbezogen praktisches Verhalten ist, dann hilft aufmerksames Beobachten weiter.

Oft kombinieren Hunde mehrere Beschwichtigungssignale und sie führen sie gleichzeitig oder direkt aufeinanderfolgend aus. Und wenn ein Zeichen nicht wahrgenommen oder falsch interpretiert wird, ist die Wahrscheinlichkeit groß, dass ein anderes folgen wird und die Situation sich damit eindeutig darstellt.

WIE SICH HUNDE UNTEREINANDER VERSTÄNDIGEN

Die Einführung in die Beschwichtigungssignale hat nun bereits deutlich gemacht, dass die Zeichen vom Hund universell eingesetzt werden: gegenüber Menschen, Artgenossen und sogar gegenüber sich selbst. Nun soll es noch einmal genauer um den tatsächlichen Ursprung dieser Verhaltensweisen gehen, denn schließlich handelt es sich dabei um ganz urtümliche Handlungen, die auch die wilden Urahnen der Haushunde schon entwickelt haben, und damit ist klar: Sie wurden nicht für die Kommunikation mit dem Menschen erfunden. In erster Linie dienen die Signale der Verständigung zwischen Artgenossen und damit kommt ein weiterer entscheidender Punkt ins Spiel: Sie als Mensch können Ihrem Hund diese Signale nicht beibringen.

Sie können nur auf diese zurückgreifen und sie nutzen, wenn sie im Verhalten Ihres Vierbeiners bereits fest verankert sind. Das Zauberwort ist hier erneut die Sozialisation. Es lässt sich sagen, dass die Verwendung von Beschwichtigungssignalen ein deutliches Zeichen gelungener Hundesozialisierung ist – ganz wie beim Menschen.

Wenn Sie es verstehen, sich sowohl im sachlichen Gespräch mit Ihrem Chef als auch bei der vertrauten Unterhaltung mit Ihrem besten

Freund und sogar im Konflikt mit Ihren Kindern angemessen zu verhalten, dann zeigt dies, dass Sie sich über Jahre hinweg gesund und erfolgreich sozialisiert haben. Sie haben also gelernt, verschiedene Situationen richtig einzuschätzen und Ihr Verhalten darauf auszurichten, und Sie haben gelernt, das Verhalten Ihrer Mitmenschen wahrzunehmen und zu deuten.

Wenn jemand Sie anlächelt, kämen Sie nicht auf die Idee, anzunehmen, er hätte die Absicht, Sie zu beißen, obwohl er ja schließlich seine Zähne präsentiert. Eine Selbstverständlichkeit ist das jedoch nicht – Sie wissen es, weil Sie es erfahren und somit gelernt haben. Wären Sie abseits menschlicher Kontakte in einem Keller oder unter Tigern aufgewachsen, hätten Sie davon keine Ahnung. Das Gleiche gilt natürlich auch für Hunde und für den Erwerb hundespezifischer Sozialkompetenz. Dass das Zeitfenster für gelingende Sozialisierung recht eng gefasst ist und ganz am Beginn des Hundelebens steht, wurde bereits erwähnt. Umso wichtiger ist also das richtige Umfeld in dieser so sensiblen wie entscheidenden Phase.

Welpen müssen sich in einer Umgebung befinden, die Sicherheit, artgerechte Umgebung und Gesellschaft sowie ausreichend Anregung bietet. Seine sozialen Fähigkeiten kann der Hund nur von Artgenossen lernen und auch nur, wenn er sich mit diesen gemeinsam in einer „guten“ Situation befindet. Das Muttertier muss ausreichend Zeit und Ressourcen zur Verfügung haben, um sich adäquat um die Erziehung des Nachwuchses zu kümmern, das heißt: Lebt die Hundemutter in andauerndem Stress, in grundsätzlicher Angst oder fehlt es eklatant an Nahrung, kann sie ihrer Aufgabe nicht so nachkommen, wie es für eine erfolgreiche

Sozialisation nötig wäre. Sind gute Voraussetzungen gegeben, bringt sie ihrem Nachwuchs bei, was er als großer Hund wissen und können muss. Körperpflege, Ernährung und andere Grundlagen bilden den einen Teil der Erziehung, der andere besteht aus dem Erlernen sozialer Kompetenzen. Die wichtigen Verhaltensweisen führt sie den Welpen ein ums andere Mal vor und im Alter von etwa 4-8 Wochen beginnen die Kleinen, einzelne Handlungen nachzuahmen.

Dabei schauen sie sich aber nicht nur einzelne Tätigkeiten ab, sondern nehmen genau wahr, wie ihre Mutter auf verschiedene Dinge reagiert. Ist sie Menschen gegenüber aufgeschlossen und anhänglich, entwickeln in der Regel auch die Jungen ein vertrauensvolles und neugieriges Verhältnis zu ihnen. Auch die allgemeine Sicherheit der Mutter spielt eine große Rolle: Ist sie eine selbstsichere, gelassene Hündin und reagiert sie auf ungewohnte Situationen souverän und unaufgeregt, so ist die Wahrscheinlichkeit groß, dass auch ihre Welpen zu solchen Hunden heranwachsen.

Die erste Prägungsphase ist für die Zukunft des Hundes entscheidend und später nicht mehr korrigierbar. Die Hauptsozialisierung findet dann etwa zwischen Woche 9 und 12 statt, wenn die Hündin die Entwöhnung einleitet. Nun weist sie ihre Kleinen auch zurecht, wenn diese kein adäquates Sozialverhalten an den Tag legen, was nicht selten recht ruppig erscheint. Allerdings weiß die Hundemutter am besten, wie viel sie ihren Welpen zumuten kann und auch soll – Hundebesitzer müssen sich also in der Regel keine Sorgen machen, dass die Kleinen zu heftig angegangen werden.

Ganz im Gegenteil ist es (bei einer verhaltensgesunden Hündin) von höchster Bedeutung, hier nicht störend einzugreifen, denn die Mutter tut nun genau das, was für das spätere Sozialverhalten ausschlaggebend ist. Im Rudel würden Junghunde nun auch einiges vom Rüden lernen. Wachsen Welpen wie bei Haushunden nicht selten nur mit ihrer Mutter auf, kann hier der Mensch beginnen, sich in die Sozialisierung einzubringen. Schließlich soll dieser später einmal das Hauptbezugswesen seines Vierbeiners werden, eine frühzeitige Teilnahme am Erziehungsprozess ist da absolut hilfreich.

Wenn aus den Welpen dann schließlich ausgewachsene, junge Hunde geworden sind, die ihren Artgenossen gegenüber all die Verhaltensweisen zeigen, die der Beschwichtigung und Deeskalation dienen, so kann man dies als deutlichen Beweis dafür werten, dass die Sozialisation des Welpen geglückt ist – Gratulation zu einem wesensfesten, psychisch stabilen Hund, der für sein künftiges Leben an der Seite seiner Besitzer bestens gewappnet ist.

HUND UND MENSCH – EINE BETRACHTUNG DER KOMMUNIKATION

Die „Gesprächsmöglichkeiten" eines Hundes sind also weit gefasst, so viel wurde jetzt schon deutlich, und zumindest unter gut sozialisierten Tieren ist damit konfliktfreies, entspanntes Interagieren möglich. Und auch für den Menschen müsste es eigentlich Grund zur Freude geben, denn schließlich kann er die Signalsprache der Hunde zumindest teilweise lesen und anwenden – leider ist das bei Weitem nicht immer der Fall.

Ganz im Gegenteil raufen Hundetrainer sich nicht selten fassungslos die Haare, wenn sie den Umgang ihrer Klienten mit deren Schützlingen beobachten. Sie lieben ihre Tiere, wollen nur das Beste für sie, geben sich unendlich viel Mühe und richten am Ende doch oft immensen Schaden an. Warum? In der Regel liegen dem schlicht und einfach Missverständnisse zugrunde.

Der Mensch achtet auf den Hund, nimmt aufmerksam seine Signale wahr und interpretiert sie dann falsch. Und umgekehrt passiert natürlich das Gleiche: Der Hund beobachtet sein Herrchen oder Frauchen, tut dann sein Hundemöglichstes, um zu gefallen – und erreicht am Ende das Gegenteil. Allerdings gibt es einen entscheidenden Unterschied und der liegt darin, dass wir Menschen in der Beziehung die vernunftbegabten, zur Abstraktion fähigen Wesen sind und zudem diejenigen, die die Verantwortung tragen.

Es liegt also an uns, Fallstricke und Stolpersteine aufzudecken und diese für beide Seiten zu bereinigen. Der Kern fast aller Missverständnisse liegt in der unterschiedlichen Bewertung ähnlicher Verhaltensweisen. Das ist zunächst auch dem Menschen nicht zu verdenken, schließlich ist er genauso Produkt seiner Sozialisation und er hat über Jahre hinweg gelernt, bestimmtes Verhalten auf bestimmte Art zu verstehen. Problematisch wird es, wenn hündisches Verhalten gewissermaßen vermenschlicht wird, das heißt, der Mensch nimmt eine Verhaltensweise am Hund wahr und interpretiert sie nach menschlichen Maßstäben. Jemandem einfach den Rücken zudrehen? Unhöflich! Eine Umarmung? Ausdruck von Zuneigung und Zärtlichkeit. Sich in die Augen schauen? Ein Zeichen für Aufmerksamkeit und Respekt in der Unterhaltung.

In der Menschenwelt ganz sicher zutreffend, in der Hundewelt auf fatale Weise nicht. Der Grund liegt in der Unterschiedlichkeit unserer Ordnungszugehörigkeit: Menschen sind Primaten, Hunde Caniden und diese beiden haben grundsätzlich andere Verhaltensweisen ausgeprägt.

Wollen sie sich miteinander verständigen, müssen sie gewissermaßen Übersetzungsarbeit leisten. Sehen wir uns im Folgenden einmal ein paar typische Situationen an, die auf Missverständnissen beruhen und nicht wenigen Hundebesitzern wohl bekannt vorkommen werden. Fall eins: Der Morgen war stressig, Ihr Sohn hatte partout keine Lust aufs Zähneputzen und die Große hat sich mehrfach bitten lassen, bis sie endlich aus den Laken gekrochen kam. Dann ist Ihnen die volle Müslischüssel heruntergefallen und Sie haben zusätzliche Minuten damit verschwendet, die Sauerei zu beseitigen. Nun ist es halb acht, deutlich später als vorgesehen, und um pünktlich an die Arbeit zu kommen, müssten Sie sich spätestens um 7.50 h ins Auto setzen und losfahren. Allerdings war der Hund noch nicht draußen und er braucht dringend seine morgendliche Gassirunde.

Schließlich war er die ganze Nacht lang nicht auf Toilette, der Bewegungsdrang tut sein Übriges und Ihr Liebling tigert schon ungeduldig im Flur auf und ab und versucht, ihre Aufmerksamkeit auf Leine und Haustüre zu lenken. Natürlich wissen Sie, dass er recht hat und nur einfordert, was ihm zusteht, denn schließlich ist er von Ihrer Fürsorge abhängig. Ebenso kann er nichts für all die kleinen Miseren des verunglückten Morgens, aber trotzdem bringen seine Bedürfnisse sie nun nur noch mehr in die Bredouille.

Aber es hilft alles nichts, der Hund muss raus, also seufzen Sie, greifen sich die Leine und verschwinden nach draußen. Den Weg zum nahe gelegenen Park hasten Sie deutlich rascher als üblich, Ihr Vierbeiner hingegen schnüffelt in aller Seelenruhe am Laternenpfosten, kann sich nicht entscheiden, wo er nun schließlich seine Duftmarke absetzen möchte, und lässt sich von vielfältigen Spuren ablenken. Kurz: Er tut genau das, was nun einmal in seiner Natur liegt. Im Park angekommen, fordern Sie ihn nun schon reichlich genervt auf, doch bitte endlich sein Geschäft zu verrichten, damit Sie nach Hause zurückkehren können, und ziehen ungeduldig an seiner Leine, um die ganze Angelegenheit zu beschleunigen.

Und genau jetzt verfällt das Tier in den Zeitlupenmodus – es geht extra langsam, setzt aufreizend Pfote vor Pfote. Sie rufen ein ungeduldiges Kommando, werden dabei auch laut, denn schließlich soll Ihr Hund begreifen, dass es jetzt gerade wirklich ernst ist und er sich seine Spielereien bitte für einen anderen Zeitpunkt aufheben soll. Und was tut das sonst so folgsame Tier? Legt sich hin, gähnt gelangweilt und guckt dann ganz unbeteiligt zur Seite.

Sie sind kurz davor, zu explodieren. Das Verhalten Ihres Hundes nehmen Sie als reine Provokation wahr. Er kennt doch all die Kommandos, ist gut erzogen und weiß genau, was von ihm erwartet wird. Stattdessen ist er jetzt nicht nur nicht folgsam, sondern er scheint Sie bewusst zu provozieren, indem er genau das Gegenteil von dem tut, was gerade wichtig wäre. Nicht selten wird ein solches Verhalten als Aufsässigkeit oder gar Dominanz wahrgenommen und der gezogene Rückschluss lautet, dass man dem Tier wohl einmal deutlich zeigen müsse, wer hier das Sagen hat. Daran, dass Sie als Mensch sozusagen der Leitwolf sein wollen, ist nichts verkehrt, ganz im Gegenteil müssen Sie bedingungslos als Rudelführer akzeptiert werden, allerdings hat Ihr Hund aus Hundesicht alles richtig gemacht, noch vielmehr: Er hat sich als prächtig sozialisiertes Tier mit ausgeprägter Wahrnehmungsfähigkeit und großer Sensibilität erwiesen. Ihre Nervosität und Gereiztheit sind ihm nämlich nicht verborgen geblieben. Die Tonlage Ihrer Stimme hat sich vielleicht verändert, ebenso Ihre Sprechlautstärke (nicht nur ihm, sondern auch Ihren Kindern gegenüber), wahrscheinlich wurden Ihre Bewegungen etwas hektischer, Ihre Schritte weitgreifender, Ihr Umhereilen in der Wohnung hastiger und womöglich haben Sie sogar vor Stress etwas zu schwitzen begonnen.

All dies hat Ihr Hund, der Sie seit Monaten oder Jahren kennt und genau beobachtet, bemerkt und ganz richtig geschlussfolgert, dass Sie gestresst sind. Und was tut ein gut sozialisierter Hund in so einem Fall? Er versucht, beruhigend zu wirken.

Also hat er vorbildlich alle Register der Beschwichtigung gezogen, er hat seine Bewegungen verlangsamt, hat sich sogar still hingelegt, beruhigend gegähnt und deeskalierend den Blick abgewendet. Wären Sie ein Hund, hätten Sie auf all diese Signale adäquat reagiert, indem Sie Ihr eigenes Verhalten ruhiger gestaltet und Ihrem Tier damit signalisiert hätten, „Danke, ich habe verstanden, dass du beruhigen möchtest. Deswegen schalte ich jetzt einen Gang runter." Stattdessen haben Sie vielleicht mit noch stärkerer Gereiztheit reagiert, Ihren Hund womöglich gescholten oder gar bestraft und damit völlig verwirrt. Er hat doch alles richtig gemacht, warum wurden Sie wütend?

Diese kurze Sequenz kommt vielen Hundehaltern so oder so ähnlich vielleicht bekannt vor und selbst, wenn Sie sich schon auskennen mit der hündischen Verständigungssprache, so ist Ihnen vielleicht noch nicht ganz klar, wie entscheidend Ihre passende Reaktion darauf ist. Vereinzelte Vorfälle dieser Art richten innerhalb einer gesunden Hund-Mensch-Beziehung vermutlich keinen nachhaltigen Schaden an, tritt so etwas jedoch öfter auf, kann das sehr wohl passieren.

Denn die Botschaft, die damit an den Hund gesendet wird, ist verheerend: Sein Verhalten ist nicht richtig und vielmehr noch, er kann gar nicht begreifen, was daran falsch ist. Er wendet alles, was er gelernt hat, korrekt an, und wenn er wiederholt die Erfahrung macht, dass die Reaktion darauf völlig anders ausfällt als erwartet, kann er daraus nur die Lehre ziehen, sein bisheriges Verhalten über den Haufen zu werfen. Im schlimmsten Fall entsteht das, was man als erlernte Hilflosigkeit bezeichnet und auch für Menschen eine immense Störung im Sozialisationsverfahren darstellt:

Das Individuum macht die Erfahrung, dass es selbst keinerlei Effekte hervorrufen kann. Egal, was es tut, es bewirkt damit nichts, was am Ende zu Apathie und völliger Zurückhaltung führt. Eine logische Schlussfolgerung – wenn mein Tun keinen Unterschied macht, dann tue ich irgendwann gar nichts mehr. Ein solchermaßen verstörter Hund scheitert irgendwann gänzlich nicht nur in der Interaktion mit seinen Bezugsmenschen, sondern noch vielmehr im Umgang mit anderen Hunden. Sicher können Sie sich noch weitere Situationen ausmalen, in denen die Hund-Mensch-Kommunikation auf diese Weise scheitert:

Etwa im Hundetraining, wenn Sie den anderen aus der Gruppe ein erlerntes Kommando vorführen sollen, dabei etwas nervös sind und Ihr Hund Sie beruhigen möchte, anstatt besagtes Kommando zu befolgen. Aber auch ganz anders gelagerte Situationen führen zu Missverständnissen. Der vielleicht häufigste „Fehler" passiert bei der Annäherung: Ein Mensch sieht einen Hund, findet ihn hübsch und niedlich, möchte sich ihm freundlich nähern und ihn vielleicht hinter den Ohren kraulen. Die Absichten sind die Besten, aber die Kombination der dann gezeigten Verhaltensweisen ist für den Hund eine Katastrophe: Der Mensch läuft geradeaus auf ihn zu und sieht ihm direkt in die Augen.

Beides sind starke Aggressionssignale, die ein Hund in aller Regel sofort mit deeskalierendem Verhalten zu beenden versuchen würde. Womöglich hat der Mensch noch ein breites Lächeln im Gesicht und fletscht also seine Zähne und ganz am Schluss beugt er sich noch über das arme Tier und tätschelt seinen Kopf. Ein nicht an Menschen gewöhnter Hund hätte nun allen Grund dazu, kräftig zuzubeißen. Und er täte das sicher nicht aus dem Nichts: Davor hätte er vielleicht mehrfach gegähnt oder seinen Kopf abgewandt und der menschliche Belästiger dachte etwas wie, „Ach, ist der entspannt, dem ist ja alles egal."

Was ebenfalls oft falsch interpretiert wird, ist fehlender Gehorsam in bestimmten Situationen. Da begegnen sich zwei Hunde auf der Wiese und starren sich an, knurren vielleicht und zeigen generell Verhaltensweisen, die darauf hindeuten, dass Spannung in der Luft liegt, ebenso jedoch auch Beschwichtigungssignale. Der Halter erkennt das und ruft seinen Hund zu sich, um die Situation zu entschärfen, und erlebt dann, dass das sonst so folgsame Tier ihn ignoriert.

Dies als Sturheit oder Ungehorsam zu verstehen, greift zu kurz: Der Hund hat hier gerade eine wichtige und knifflige soziale Situation möglichst gut und kompetent zu lösen. Dazu gehört, nicht mittendrin davonzulaufen und die Sache sozusagen „im Raum stehen zu lassen", vielleicht muss er sich auch große Mühe geben, den Artgenossen von einem tatsächlichen Angriff abzuhalten. Wenn er sich hiermit weiter beschäftigt, handelt er also ziemlich verantwortungsvoll – und hat ganz richtig entschieden, dass das Befolgen des menschlichen Befehls hier nachrangig ist und im Zweifel kurz warten kann. Ein weiteres typisches Missverständnis ist nun besonders fatal für das Wohlergehen des betroffenen Hundes, und zwar geht es um stark angstbeladene Situationen.

Auch hier zeigen die Tiere schließlich eifrig und deutlich Beschwichtigungssignale und es ist verheerend, wenn Mensch diese einfach ignoriert. Ein Beispiel: Halter und Hund treffen beim Spazierengehen regelmäßig auf einen Artgenossen. Während der Halter diese Begegnungen für ganz willkommen hält, schließlich guckt der andere Hund immer ganz aufmerksam in Richtung des eigenen Lieblings und versucht, sich ihm anzunähern, benimmt Letzterer sich aus Menschensicht völlig daneben.

Er versucht, sich in einem Bogen um den anderen Hund herumzuschleichen, vergisst seine Folgsamkeit und legt sich einfach hin, dreht dem anderen den Rücken zu und winselt vielleicht. Was der Hund hier verzweifelt versucht, ist, mitzuteilen, „Ich habe fürchterliche Angst. Bitte nimm mich aus dieser Situation heraus und zwing mich nicht noch näher hin." Muss der Hund diese Angst wiederholt ausstehen und macht er vielleicht sogar die Erfahrung, dass sein Halter ihn vorsätzlich dazu zwingt, kann dies einen immensen Vertrauensverlust bedeuten und das allgemeine Sicherheitsgefühl des Tieres stark beeinträchtigen. Das Gleiche gilt auch für andere Reize oder Situationen, die das Tier sehr ängstigen und vom Halter nicht vermieden oder sogar extra herbeigeführt werden – sei es aus Unwissenheit oder weil er denkt, hier wichtige Erziehungsarbeit zu leisten.

Ganz zum Schluss noch ein besonders „beliebtes" Missverständnis: Herrchen und Frauchen umarmen sich und der Hund versucht, sich dazwischen zu drängen. Was manchmal belustigt, manchmal verärgert als Eifersucht oder besitzergreifendes Verhalten gewertet wird, ist in Wahrheit ein Versuch der Friedensstiftung. Man bezeichnet dieses Beschwichtigungsverhalten als Splitting und Hunde wenden es an, um drohende Konflikte zwischen zwei anderen Hunden zu unterbinden. Stehen die nämlich zu nahe beieinander, droht oftmals Eskalation – der aufmerksame Hund schiebt sich dazwischen und versucht so, zu schlichten.

Für all diese Situationen gilt, dass sie eindrucksvolle Beispiele dafür sind, wie leicht die Kommunikation zwischen Mensch und Hund scheitern und womöglich eine völlig falsche Wendung nehmen kann. Die Folgen davon sind ganz unterschiedlich, manchmal „läuft es dann einfach mal nicht optimal", manchmal etablieren sich Konfliktsituationen, die eigentlich leicht vermeidbar wären, manchmal kann es jedoch auch zu langfristigen tief greifenden Folgen kommen. Um das zu vermeiden, sollten Hundebesitzer sich stets vor Augen halten, welche Fallstricke hier lauern können. Überprüfen Sie Ihre eigenen Reaktionen und Ihr eigenes Verhalten immer wieder aus Hundesicht und fragen Sie sich bewusst, ob Sie hündische Gesten womöglich mit menschlichen Maßstäben beurteilen. Verfolgen Sie aufmerksam die gezeigten Signale Ihres Vierbeiners und prüfen Sie gegebenenfalls Ihr eigenes Verhalten: Vielleicht reden Sie zu laut, laufen zu schnell, sprechen zu hektisch etc.

Und noch eine Sache gilt es, zu bedenken: Aufgrund übertriebener Ausprägung bestimmter körperlicher Merkmale sind manche überzüchteten Rassen teils nicht mehr in der Lage, adäquates Beschwichtigungsverhalten an den Tag zu legen. Kupierte Hunde können sich nur noch eingeschränkt über Schwanzstellung und -bewegung mitteilen, übergroße und schlaffe Ohren verhindern Kommunikation über die Ohrstellung, bestimmte Gesichtsformen oder Hautfalten machen Teile der Mimik unmöglich – hiermit wird den Tieren einiges an Ausdrucks- und Kommunikationsmöglichkeit genommen. Berechnen Sie dies mit ein, wenn Sie mit einem entsprechenden Hund Kontakt haben, und achten Sie verstärkt auf alternative Signale.

WIE KANN ICH VON CALMING SIGNALS PROFITIEREN?

Welche Stolperfallen in der Hund-Mensch-Kommunikation lauern, haben Sie nun schon erfahren und auch, welche negativen Folgen solche Missverständnisse haben können. Konzentrieren wir uns nun hingegen auf den weitaus positiveren Aspekt: Wenn es diese Calming Signals nun gibt und sie bekannt und erforscht sind, wie kann ich als Hundehalter oder -trainer davon profitieren? Auf vielfältige Art und Weise. Die offensichtlichste: Ihre Sprache – also die der Menschen – kann Ihr Hund nicht verstehen, ganz gleich, wie sehr Sie sich bemühen, sie ihm beizubringen.

Aber Sie können seine Sprache erlernen und dadurch auf effiziente Art und Weise mit ihm in Kontakt kommen, indem Sie seine Signale anwenden und somit direkt und positiv auf sein Verhalten einwirken können. Gerade in Angstsituationen und mit unsicheren Tieren sind die Beschwichtigungszeichen Gold wert, denn Sie können Ihrem Hund genau dann „antworten", wenn er es am dringendsten braucht. Beim Tierarztbesuch, im Park mit anderen Hunden, wenn die beste Freundin mit ihren tobfreudigen Kindern zu Besuch ist, beim Ertönen von Alarmsirenen, wenn der Staubsauger läuft – wann auch immer Ihr Hund gestresst oder verängstigt ist, können Sie auf diese Art beruhigend und rückversichernd auf ihn einwirken.

Das löst natürlich nicht alle Probleme, ermöglicht aber den Aufbau einer vertrauensvollen und innigen Beziehung, innerhalb derer es Ihnen viel leichter fallen wird, Ihrem Hund zu helfen, bestimmte Ängste abzulegen. Der Mechanismus dahinter ist ganz einfach: Wenn Ihr Hund das Gefühl hat, dass Sie ihn verstehen und er sich auf Sie verlassen kann, dann steigt auch die Wahrscheinlichkeit, dass er sich auf Sie verlässt, wenn Sie ihn an unangenehme Situationen gewöhnen. Hat er beispielsweise panische Angst davor, befahrene Straßen zu überqueren, wird er sich dann viel eher Ihrem Schutz und Ihrer Fürsorge anvertrauen, wenn Sie ihn daran gewöhnen wollen.

Denn er weiß schließlich aus Erfahrung, dass Sie ihn verstehen, auf ihn eingehen und seine Befindlichkeiten berücksichtigen, also werden Sie es wohl auch in dieser so beängstigenden Situation tun. Über diesen emotionalen „Umweg" können Sie Ihren Hund an Situationen gewöhnen, die Sie ihm leider nicht ersparen können.

Denn die Erklärung, dass der Tierarzt letztlich nur sein Bestes will und Sirenen zwar hässlich klingen, darüber hinaus aber nicht bedrohlich sind, wird nicht viel fruchten, ganz gleich, wie oft Sie sie wiederholen. Und reines Erzwingen kann Ihren Hund zwar dazu bewegen, einiges zu erdulden, aber nicht, es zu bewältigen. Calming Signals können hier die Brücke schlagen zwischen erwünschtem Verhalten und erwünschtem Empfinden seitens des Hundes.

Noch häufiger und bei vielfältigeren Gelegenheiten nützen Ihnen die Signale allerdings durch deren bloße Beobachtung. Damit können Sie prinzipiell in zwei Richtungen wirken. Erstens: Vermeiden Sie die Eskalation von Konflikten und beugen Sie ernsthaften Vorfällen wie etwa einer Beißattacke vor. Wie bereits mehrfach erwähnt, wird kaum ein gesunder Hund je zubeißen oder anderweitig angreifen, ohne mehrfach und ausdrücklich gewarnt zu haben. Denn schließlich will er ja überhaupt nicht kämpfen, ganz im Gegenteil ist ein Kampf das allerletzte Mittel, wenn sonst kein Ausweg mehr zur Verfügung steht. Kämpfe sind gefährlich für beide Seiten und der Hund weiß das genau.

Bevor er sich also zu einem Angriff gezwungen sieht, wird er sämtliche Register der Beschwichtigung ziehen – zunächst schwächere Signale, die ihn vielleicht vor allem selbst beruhigen sollen, dann Signale an das Gegenüber, die mitteilen sollen, „Ich bin friedlich, von mir hast du keinen Ärger zu erwarten" und im weiteren Verlauf immer stärkere Signale, die dann schon ausdrücklichere Botschaften senden, wie etwa, „Bitte verhalte jetzt auch du dich endlich friedlich, ansonsten kann ich irgendwann nicht mehr untätig bleiben." In einer guten Hundebegegnung – auch, wenn die beiden sich nicht mögen – wäre die Situation so zu klären und Sie als Halter müssten gar nicht eingreifen. Allerdings können Sie und Ihr Hund sich leider nicht blind darauf verlassen, nur auf gut sozialisierte, emotional stabile Artgenossen zu treffen. Es gibt Hunde, in deren Welpenprägung Dinge gründlich schiefgelaufen sind, traumatisierte Hunde oder Hunde mit Besitzern, die entweder fürchterlich ahnungslos oder gar selbst recht aggressiv sind.

Und schließlich kann es auch immer wieder vorkommen, dass ein Artgenosse einfach unangemessen überschwänglich ist, gerade, wenn es sich um ein noch sehr junges Tier handelt. Dann ist es möglich, dass die wohlerzogenen Kommunikationsversuche Ihres Vierbeiners ins Leere laufen. Und natürlich gilt dies in ganz besonderem Maße für Nicht-Artgenossen. Viele Menschen sind Hunden gegenüber zwar sehr positiv eingestellt, haben aber keine Ahnung von den Tieren und provozieren Ihren Vierbeiner, ohne das eigentlich zu beabsichtigen. Nicht zu vergessen sind hier Kinder. Werden sie Opfer eines Hundeangriffs, hat dies oft weitaus schwerwiegendere Folgen als bei Erwachsenen, gleichzeitig fehlt ihnen völlig das Einschätzungsvermögen einer Situation. Sie sind mit Hunden, wie sie auch sonst sind: wild, stürmisch, herumtobend, überschwänglich, sorglos.

Für viele Tiere ist das kein Problem – es gibt zahlreiche Familienhunde, die stoischer sind als jede Kindergartenerzieherin, aber Hunde ohne Erfahrung mit Kindern können von deren Verhalten schnell überfordert sein. In all diesen Situationen können Calming Signals für Sie als Halter geradezu überlebenswichtig sein: Sie sind eventuell der Einzige, der die Zeichen des Hundes (es muss gar nicht Ihr eigener sein) wahrnimmt und zu interpretieren versteht. Sie können die Stresseskalation des Tieres genau mitverfolgen und erkennen, wenn sich ernsthafte Schwierigkeiten anbahnen, und somit eingreifen, bevor wirklich etwas passiert. Sie haben die Möglichkeit, den Hund rechtzeitig aus der Situation herauszunehmen oder anderweitig dafür zu sorgen, dass die Wogen sich glätten, indem Sie etwa Kinder aus dem Raum schicken, Ihr Tier abschirmen, mit einem Leckerli ablenken oder durch eigene Gesten beruhigen. Die schlimmsten Situationen – Angriffe beim Spazierengehen, ein gebissenes Kind, ein gejagter Artgenosse – können Sie mit der Kenntnis der Beschwichtigungssignale oftmals verhindern.

Die zweite Nutzungsmöglichkeit, die sich aus der aufmerksamen Beobachtung der Hundezeichen ergibt, richtet sich auf die Befindlichkeit Ihres Lieblings selbst. Ein Hund, dessen Beschwichtigungsversuche ignoriert und nicht beantwortet werden, muss nicht zwangsläufig mit aggressivem Verhalten eskalieren, er kann stattdessen auch ganz still für sich leiden. Ständige oder häufige Angst wirken sich auf Dauer negativ auf das emotionale Gleichgewicht des Hundes aus. Tiere, die wiederholt für sie furchterregenden Situationen ausgesetzt sind, entwickeln nicht selten schädliche stressbedingte Verhaltensweisen.

So werden sie etwa unruhig, nervös, reizbar und sie sind ständig unter Anspannung oder sie reagieren mit Rückzug, Apathie, Interesselosigkeit und genereller Ängstlichkeit. Auch Unsauberkeit, Verdauungsbeschwerden oder gestörtes Fressverhalten können die Folge sein, ebenso wie ungehorsames Verhalten und der Verlust von bereits erzielten Trainingserfolgen. Kurz gesagt: Ihrem Tier geht es nicht gut und Sie als Besitzer werden das spüren. Das Erkennen von entsprechenden Calming Signals kann auch hier vorbeugen und Abhilfe schaffen.

Denn auch, wenn Sie sich ohnehin bemühen, Ihren Hund keinen belastenden Situationen auszusetzen, so ist Ihnen vielleicht gar nicht klar, was ihn denn tatsächlich stresst. Vielleicht denken Sie, dass Sie ihm mit der täglichen Spieleinheit mit dem Hund Ihrer besten Freundin einen großen Gefallen tun, aber eigentlich findet er das regelmäßige Zusammentreffen fürchterlich. Möglicherweise machen einzelne Spiele Ihrer Kinder ihm schreckliche Angst und Sie könnten ihm ganz leicht den Gefallen tun, die Kinder etwa zum Fangen spielen in ein anderes Zimmer oder in den Garten zu schicken.

Auch bestimmte Geräusche oder Vorgänge im Straßenverkehr lassen sich manchmal leicht vermeiden, wenn nur das Bewusstsein dafür vorhanden ist, dass sie für den Hund eine Belastung darstellen. Das Gleiche gilt eventuell für Umgangsweisen mit dem Tier selbst: Nicht jeder Hund wird gerne am Bauch gekrault oder am Kopf gestreichelt. Viele Tiere genießen diese Kuscheleinheiten, für andere bedeuten sie reinen Stress – und wenn sie ganz viel Pech haben, wird ihr Beschwichtigungsverhalten als Aufforderung missinterpretiert. Und schließlich kann es auch um Ihr eigenes Verhalten gehen: Wenn Sie einen Hund etwa trainieren, seien Sie aufmerksam für seine Signale. Vielleicht missfällt ihm eine ganz bestimmte Tonlage, in der Sie manchmal sprechen, oder er befolgt die gewünschten Befehle auf einmal ganz artig, wenn Sie nur etwas leiser reden.

Es ist also ganz offensichtlich: Sie als Hundebesitzer oder auch -trainer können in vielfältiger Hinsicht von Calming Signals profitieren. Indem Sie sie erkennen und angemessen darauf reagieren oder sie selbst anwenden, lässt sich oftmals ein weitaus entspannteres und fröhlicheres

Zusammenleben mit Ihrem Vierbeiner erreichen und einige der großen Konflikte können recht leicht vermieden werden. Der eigene Hund beißt ein fremdes Kind oder drückt sich nur noch ängstlich und unsicher hinter dem Sofa herum – zwei Albträume, die kein Hundeliebhaber erleben möchte.

Abschließend sollte noch ein Punkt nicht unerwähnt bleiben: Calming Signals sind wichtig und sie sind häufig. Allerdings ist nicht alles, was danach aussieht, unbedingt ein solches Signal. Schließlich sind diese Verhaltensweisen alle doppelt besetzt und nicht immer ist sofort ersichtlich, ob der Hund nun gähnt, weil er müde ist oder weil er beruhigen möchte. Und um die Sache noch komplizierter zu machen, können all die Handlungen auch als Übersprungshandlung verwendet werden. Man sollte also keinesfalls übereifrig werden und in jedem Pfotenheber oder Ohrenkratzer ein Beschwichtigungssignal sehen – damit würde man den Hund letztlich ebenfalls stressen.

Denn schließlich ist es für das Tier äußerst verwirrend, wenn es sich nur gemütlich über die Schnauze leckt und Sie sofort versuchen, ihn woanders hinzubugsieren, weil Sie ihn für gestresst halten. Und auch Übersprungshandlungen haben schließlich eine wichtige Funktion, mit denen der Hund mit sich selbst und für sich selbst bestimmte Gefühlslagen reguliert – das sollte er auch ungestört und unbeeinflusst tun können. Zeigen Sie also Augenmaß und situationsbezogene Logik bei der Beobachtung Ihres Hundes, denn nicht alles hat gleich einen tieferen Sinn, bei dem Sie eingreifen müssen.

DIE WICHTIGSTEN CALMING SIGNALS IM ÜBERBLICK

Weshalb sie so wichtig sind und wie sie genutzt werden können, wissen Sie nun bereits – nun kommen wir ganz praktisch zum Punkt: Was sind sie denn eigentlich, diese Signale? Ein paar wurden bereits erwähnt, jedoch gibt es mehr als dreißig verschiedene, auch wenn noch nicht bei allen zweifelsfrei geklärt wurde, ob sie wirklich ausdrücklich zur Beschwichtigung eingesetzt werden oder eventuell nur Übersprungshandlungen sind. Die wichtigsten, weil am häufigsten und von vielen Tieren gezeigten Signale finden Sie nun im Folgenden beschrieben und erläutert.

Beginnen wir mit dem ersten Signal, das so gut wie jeder Hund verwendet und den meisten Hundehalten also bekannt sein wird: das Züngeln. Der Hund leckt hierbei mit seiner Zunge über seine Schnauze – also genauso, wie wenn er gerade etwas Leckeres gegessen hat. Das Züngeln kann unterschiedlich intensiv und ausführlich ausfallen, während der Annäherung an einen Artgenossen ist es oft nur ein kurzes, schnelles Lecken, das in einer Abfolge von anderen Signalen gezeigt wird, es kann aber auch ausführlich gezüngelt werden.

Am besten ist dieses Zeichen von vorne zu sehen und bei Hunden mit dunkler Schnauzenbefellung, aber wer ein wenig geübt ist, dem wird bald auch das kurze Züngeln von der Seite auffallen. Für Menschen ist es ein verständliches Zeichen, denn schließlich lecken sich auch nicht wenige Zweibeiner aus Nervosität über die Lippen oder kauen darauf herum. Gerade ein leckeres Mahl verspeist oder ein bisschen Beruhigung gefällig? Nicht immer lässt sich das auf den ersten Blick feststellen.

Zweites Beschwichtigungsverhalten: Gähnen. Ein Verhalten, das jeder Hundehalter gut kennt, denn schließlich gähnt auch ein müder Hund, allerdings kann das behagliche Aufreißen des Mauls eben auch eine ganz andere Bedeutung haben. Es wird verwendet, um andere Hunde zu beruhigen, aber auch als Ausdruck für leichtes Unwohlsein, wenn etwa ein Mensch zu zudringlich wird, und nicht wenige Hunde gähnen, wenn sie etwa voll aufgeregter Vorfreude auf den anstehenden Spaziergang sind. Dann hat es den Zweck, die eigene Aufregung etwas zu dämpfen. Dieses Zeichen wird nicht selten missverstanden: Menschen halten den gähnenden Hund für maximal entspannt, der heranrasende Artgenosse scheint ihm so völlig gleichgültig, dass er nur gelangweilt gähnt – stattdessen ist er angespannt und er gibt sich große Mühe, den anderen und sich selbst zu beruhigen. Den Tierarzt mag fast kein Hund – es gibt also allen Grund, sich mit ausführlichem Gähnen ein wenig zu beruhigen.

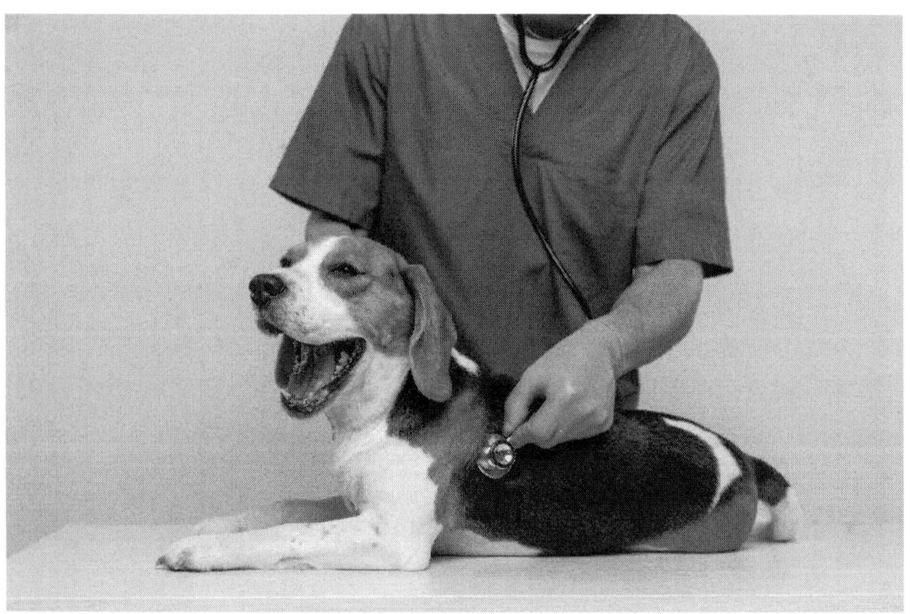

Drittes Signal: Den Kopf abwenden. Der Hund dreht seinen Kopf seitlich weg, um dem Artgenossen nicht in die Augen zu blicken. Ebenso wendet er den Kopf ab, wenn Menschen ihm zu nahe kommen, sich über ihn beugen oder auch, wenn eine zu lange oder anstrengende Trainingseinheit ihn stresst. Auch Menschen fällt es recht leicht, dieses Verhalten als besänftigend und deeskalierend wahrzunehmen, schließlich kennen wir selbst das Gegenteil – nämlich Anstarren – als provozierend und herausfordernd. Dieser Hund empfindet vielleicht die auf ihn gerichtete Kamera als etwas zu aufdringlich und wendet sich leicht ab.

In eine ähnlich Richtung geht das nächste Zeichen: Blinzeln oder auch den Blick senken. Viele Hunde zeigen dieses Verhalten, manche lassen auch den Blick von links nach rechts wandern, das Ziel ist stets das Gleiche: Dem anderen nicht starr in die Augen schauen. Blinzeln zur Deeskalation kann im Übrigen auch bei Katzen beobachtet werden – man sieht recht deutlich: Hund, Mensch und viele andere empfinden Anstarren als stressig.

Hütchen auf dem Kopf und Kamera vor der Nase – das ist dem Hund vielleicht ein bisschen zu viel.

Eine auffälligere und größere Bewegung ist das Abwenden. Hier dreht der Hund nicht nur den Kopf zur Seite, sondern er wendet den ganzen Körper. Dem Artgenossen oder auch dem Menschen wird also der Rücken zugekehrt, gewissermaßen ist es die Steigerung vom Kopfabwenden. Manche Hunde begrüßen so auch grundsätzlich ihren Besitzer und stellen also jede Begegnung sofort unter friedliche Vorzeichen. Sicherheitshalber Mal den Rücken zudrehen.

Bereits mehrfach erwähnt wurde das Verlangsamen von Bewegungen. Der Hund, der gerade noch in ganz normalem Tempo Pfote vor Pfote gesetzt hat, verfällt nun plötzlich in Zeitlupe. Das lässt sich bei jeder Bewegung beobachten, die Tiere können also langsamer gehen, aber auch langsamer mit dem Schwanz wedeln, kauen, die Pfote heben etc. Durch das Verringern der Geschwindigkeit wird starke Beruhigung ausgeübt – auch das erschließt sich dem Menschen leicht: Uns stresst es schließlich auch in ganz erheblichem Maße, wenn jemand etwas in sehr hektischer Art und Weise tut. Bewusstes Slow-down wirkt dem aktiv entgegen und besänftigt Mensch und Hund. Dabei kann es bis zum vollständigen Einfrieren in der Bewegung kommen. Leider wird es vom Halter trotzdem oft als Provokation missverstanden, vor allem, wenn es, wie bereits dargelegt, in ungünstigen Situationen auftritt.

Eng damit verbunden ist das stille Hinlegen oder Hinsetzen. Es ist gewissermaßen die Fortsetzung der Verlangsamung – nämlich bis hin zum Stillstand. Das Verhalten kann aber völlig unabhängig von einer vorhergehenden Verlangsamung der Bewegungen auftreten und man beobachtet es oft im Spiel mit Artgenossen: Wenn es einem der Hunde zu turbulent wird, legt er sich hin und verdeutlicht dem Spielgefährten so, einen Gang herunterzuschalten. Wenn das Spiel zu wild ist, verhilft Hinlegen zu einer Atempause.

Ebenfalls oft praktiziert wird das Schnüffeln. Es ist wohl eines der verzwicktesten Zeichen, denn schließlich schnüffeln Hunde ganz grundsätzlich gern und viel, da sie auf diese Art eine Menge Informationen aufnehmen können. Und sie tun das auch in Situationen, die sich uns nicht unbedingt erschließen, aber manchmal eben auch völlig ohne die Absicht, Gerüche aufzuspüren. Dann geht es wirklich nur um die ritualisierte Handlung des über-den-Boden-Schnüffelns und es soll einzig und allein beruhigend wirken. Viele Hunde wenden dieses Zeichen besonders gerne im Umgang mit ihrem Besitzer an, vor allem, wenn sie bemerken, dass dieser gestresst oder genervt ist. Sie können es sich denken: Ähnlich wie das Langsamer-Werden wird es nicht selten als Ungehorsam oder Ablenkung missverstanden.

Was Sie bei Ihrem Hund sicher bereits beobachtet haben, ist die sogenannte Vorderkörper-Tiefstellung. Das Tier senkt hier seinen Vorderkörper deutlich ab, „kniet“ sich manchmal hin, während das Hinterteil hoch erhoben bleibt. Dieses Zeichen wird oftmals entweder als Demutsgeste oder aber als Spielaufforderung missinterpretiert, stattdessen dient es ebenfalls der Beruhigung. Ähnliches Verhalten kann auch zur Aufforderung zum Spiel dienen, meist steht es dann jedoch in Verbindung mit rascher Bewegung der Pfoten, also ein wenig Umhergehüpfe. Die reine Verbeugung ist ein Calming Signal, das jedoch auch oft in Spielsituationen gezeigt wird. Hier dient es dann der Rückversicherung und auch der Beruhigung eines allzu wilden Tobe-Partners.

Bitte einen Gang herunterschalten!

Kaum als konkretes Signal erkennbar ist oft das Bogenschlagen: Der Hund entscheidet sich hier, nicht geradeaus auf Artgenossen oder Menschen zuzulaufen, sondern sich in einer Kurve anzunähern. Tatsächlich ist dies bei den meisten Hunden eine ganz natürliche Verhaltensweise: Haben sie die Wahl, nähern sie sich kaum jemals frontal an, denn das gilt in der Hundesprache als durchaus provokantes Verhalten. Die friedliche Variante ist stets die bogenförmige Bewegungslinie, mit der übrigens auch viele Tiere auf gut bekannte Artgenossen oder gar auf ihre Besitzer zugehen. Annäherung von der Seite.

Manche Hunde zeigen auch das sogenannte Splitten, welches gerade von Paaren oft falsch verstanden wird. Kommt ihnen die Distanz zwischen zwei Artgenossen zu eng vor, werten sie dies als Zeichen einer drohenden Eskalation und möchten schlichtend dazwischengehen – manchmal eben auch beim Menschen, der dann das eifersüchtige Tier belächelt oder sich gar ärgert. Lieber für Sicherheitsabstand sorgen?

Das vielleicht konfliktbeladenste Calming Signal ist das Pinkeln. Klar, Hunde urinieren, wenn sie müssen, aber sie tun es manchmal auch in beruhigender Absicht. Pinkeln wird gerade von jungen Hunden auch als Unterwerfungsgeste verwendet, mit der sie also ganz vorbeugend einen Artgenossen beruhigen möchten, indem sie sagen, „Schau, ich unterwerfe mich dir ohnehin, du musst also gar nicht aggressiv werden.“ Natürlich kann im Umgang mit dem Menschen dieses Verhalten zu großen Problemen führen, gerade, wenn es etwa in der Wohnung geschieht. Grundsätzlich sollte Pinkeln beim Hund aber sehr aufmerksam betrachtet und etwa im Umgang mit Artgenossen keinesfalls grundsätzlich unterbunden werden – es handelt sich um einen wichtigen Bestandteil der Kommunikation. Mal kurz zur Beruhigung pinkeln.

Dies sind die häufigsten Calming Signals, die von sehr vielen Hunden gezeigt werden und jedem Hundebesitzer oder -trainer sicherlich schon zahlreiche Male begegnet sind. Daneben gibt es noch einige weitere, wie etwa Schmatzen, in manchen Situationen Schwanzwedeln (Achtung: Schwanzwedeln wird in so vielen Situationen eingesetzt, dass es genau genommen eine Sprache für sich darstellt) oder sich ohne Anlass zu kratzen. Darüber hinaus beobachten manche Hundehalter noch andere Verhaltensweisen, die der Deeskalation dienen könnten, oft ist jedoch noch nicht abschließend geklärt, ob es sich dabei wirklich um vorsätzliche Beschwichtigungsgesten handelt. Für alle Verhaltensweisen gilt: Es lässt sich nur mit genauem Blick auf die Gesamtsituation feststellen, ob das Verhalten gerade der Beschwichtigung dient oder einfach dem ursprünglichen Zweck. Nur mit einer guten Beobachtungsgabe und auch Kenntnis des jeweiligen Hundes und seiner Eigenschaften lässt sich feststellen, ob ein Tier etwa müde ist oder zur Beruhigung gähnt.

KONFLIKTE FRÜHZEITIG ERKENNEN

Gähnen, langsamer werden, den Kopf abwenden, züngeln – Sie haben nun eine Menge Signale kennengelernt. Der entscheidende Punkt im Hinblick auf die Beschwichtigungssignale ist nun, sie zuverlässig wahrzunehmen und damit auch einen sich anbahnenden Konflikt rechtzeitig als solchen zu erkennen. Um das sicherzustellen, reicht allerdings die bloße Kenntnis der Zeichen nicht aus. Dann sehen Sie zwar ein Verhalten und möglicherweise erkennen Sie sogar, dass es sich in dieser Situation tatsächlich um eine beruhigende Geste handelt, Sie wissen aber möglicherweise nicht, was nun zu tun ist. Hierbei helfen einige weitere grundsätzliche Informationen über die Natur hündischer Konflikte sowie die Rangordnungsprinzipien, die in der Konstellation Hund-Mensch eine Rolle spielen, weiter.

Die Eskalationsstufen

Werfen wir zunächst einmal einen Blick darauf, wie ein Konflikt sich tatsächlich entwickelt. Zwar ist jeder Hund anders und kein Streit genau wie der andere, aber letztlich verlaufen solche Konflikte anhand bestimmter Entwicklungslinien – es gibt sozusagen eine Dramaturgie der Konflikteskalation. Gesten – seien es Drohgebärden oder Beschwichtigungssignale – werden nicht einfach wild und zusammenhanglos durcheinandergeworfen, sondern folgen logischen Prinzipien.

Schließlich ist es nicht anders als bei zwischenmenschlichen Konflikten: Wenn sich zwei junge Männer vor einer Bar prügeln, ist dies in den seltensten Fällen der Beginn eines Streits, sondern in aller Regel das dramatische Finale. Begonnen hat es vielleicht mit einem Blick, den der andere als unpassend oder provozierend empfunden hat, darauf folgte ein entsprechender Kommentar, der natürlich beantwortet wurde, vielleicht gab es Drohungen und einer der Kontrahenten hat ein „Friedensangebot" gemacht, das vom anderen nicht angenommen wurde – bis ganz zum Schluss die Fäuste flogen. Genauso muss man es sich bei Hunden vorstellen. Für Halter oder Trainer ist diese Tatsache Gold wert, denn sie bietet zahlreiche Interventionsmöglichkeiten an, und zwar selbst in fortgeschritteneren Stadien des Konflikts. Man hat also noch recht lange die Chance, durch angemessenes und entschiedenes Eingreifen das Schlimmste – etwa eine Beißattacke – zu verhindern.

Natürlich macht es einen großen Unterschied, ob es sich um einen Konflikt zwischen zwei Hunden und damit Artgenossen handelt oder aber zwischen Hund und Mensch: Im ersten Fall verstehen beide einander und man kann davon ausgehen, dass bestimmte kommunikative

Prinzipien beachtet werden, manchmal jedoch sind Abneigung oder Aggression so gravierend, dass alles Beschwichtigen nichts hilft – es kommt zum Kampf. Im zweiten Fall kommt üblicherweise ein ernst zu nehmendes Problem hinzu: Mindesten einer der beiden „Kontrahenten" weiß gar nicht, dass er gerade zum möglichen Kampfgegner wird. Denn schließlich haben die allermeisten Menschen keine Lust, mit einem Hund in eine Beißerei verwickelt zu werden, und provozieren das Tier aus reiner Unwissenheit. Sie wissen nicht, dass sie ein Verhalten an den Tag legen, das den Hund stark verängstigt oder herausfordert, sonst würden sie es schließlich umgehend einstellen.

Das bedeutet natürlich auch, dass sämtliche Beschwichtigungssignale des Hundes unbeantwortet bleiben, was ihn zusätzlich irritiert: Denn ein aggressiver Artgenosse zeigt durch sein Verhalten wenigstens, dass er die Botschaft des anderen zwar versteht, ihr aber nicht Folge leisten möchte. Zum einen hilft es Ihnen als Hundebesitzer also sehr, wenn Sie Ihren Hund möglichst gut kennen und wissen, worauf er „allergisch" reagiert: zu große Nähe, zu hektische Bewegungen, Berührungen von Fremden etc. Zum anderen sollten Sie sich mit den einzelnen Stufen der Eskalation vertraut machen.

Im Folgenden werden nun in aufsteigender Reihenfolge Verhaltensweisen eingeordnet, die einen Hinweis darauf geben, wie sehr Ihr Vierbeiner bereits unter Anspannung steht. Dies ist auch eine wertvolle Hilfe, wenn man sich bei einzelnen Handlungen nicht ganz sicher ist, ob es sich um Calming Signals, das natürliche zweckbezogene Verhalten oder etwa um eine Übersprungshandlung handelt.

Eine Kontextualisierung in die restlichen Stufen des Eskalationsgeschehens kann hierüber Aufschluss geben. Verschiedene Modelle nennen eine unterschiedliche Zahl an Stufen bzw. fassen mehrere zusammen oder unterteilen einzelne erneut, letztlich sind die Übergänge jedoch ohnehin fließend und nicht jeder Hund hält sich penibel ans Drehbuch.

Sehen wir uns nun die erste Stufe an. Sie lässt sich als Neutralstellung bezeichnen, hier ist der Hund entspannt, verhält sich ganz unbefangen und hat kein Gefühl von Bedrohung, Belästigung oder Unsicherheit. In Stufe zwei zeigen sich dann die ersten Unsicherheiten im Verhalten. Beschwichtigungssignale sind in dieser Phase sehr beliebt, denn schließlich geht darum, erst gar keinen wirklichen Streit aufkommen zu lassen. Hunde zeigen also Verhaltensweisen, die in etwa folgende Botschaft haben: „Ich weiß noch gar nicht, worauf du aus bist, aber ich zeige dir gleich: Ich bin friedlich, ich will keinen Streit, bitte erwidere diesen Wunsch." Bevorzugt werden hier Beschwichtigungssignale verwendet, die schon von Weitem wahrnehmbar sind und eigentlich noch viel mehr höfliches, zurückhaltendes Agieren sind als tatsächliche Beschwichtigung, denn schließlich gibt es noch nicht viel zu beschwichtigen.

Hunde gehen hier etwa einen weiten Bogen, sie blinzeln ein wenig, züngeln vielleicht, gähnen oder schmatzen. Die Verhaltensweisen sind noch vergleichsweise stark auf den Hund selbst ausgerichtet und adressieren weniger den potenziellen Streitpartner. Wird die Situation dadurch nicht aufgelöst, kommen auf der nächsten Stufe stärkere Beschwichtigungssignale hinzu. Jetzt versucht das Tier verstärkt, sich der Situation zu entziehen, indem es etwa ausweicht, weggeht, sich umdreht oder aber durch ruhiges Hinsetzen oder Hinlegen zeigt, dass er auf Deeskalation bedacht ist. Man sieht zudem: Das Verhalten richtet sich zunehmen auf den Kontrahenten aus, indem aktiv eine Abwendung von ihm versucht wird.

Die nächste Phase bringt nun einen deutlichen Bruch im Verhalten, denn hier wird oftmals sinnlos erscheinendes, unlogisches Treiben beobachtet – es kommt zu Übersprungshandlungen. Der Hund beißt etwa in die Leine oder ins Gras, albert welpenartig herum, zieht die Rute ein oder tut sonst etwas, das der Situation nicht angemessen erscheint. Lässt sich ein solches Verhalten nach dem Zeigen mehrerer Calming Signals beobachten, hat man einen recht deutlichen Hinweis darauf, dass sich hier ein tatsächlicher Konflikt ankündigt, denn schließlich drücken solche Übersprungshandlungen letztlich Ratlosigkeit des Hundes aus. Er hat bisher brav alle Höflichkeitsnormen befolgt, aber trotzdem nicht das Gewünschte erreicht – was nun? Um Zeit zu schinden und sich selbst zu beruhigen, greift er zum Mittel der Übersprungshandlung. Hilft auch das nichts, geht es auf der nächsten Stufe nun in den offensiveren Bereich. Auch wenn der Hund selbst überhaupt kein Interesse an einer Auseinandersetzung hat und diese auch nicht begonnen hat, weiß er nun, dass es Grund gibt, sich für eine Verteidigung zumindest in Stellung zu bringen. Beschwichtigung hat nichts bewirkt, jetzt muss er zeigen, dass mit ihm zu rechnen ist und er kein wehrloses Opfer ist. Doch auch nun ist ihm in erster Linie immer noch daran gelegen, die Angelegenheit hier und jetzt aus der Welt zu schaffen, ohne dass es zu ernsthaften körperlichen Auseinandersetzungen kommt.

Möchte man den Vergleich mit der Kneipenschlägerei heranziehen, so wäre es in etwa die Situation, in der einer der beiden Streithähne vielleicht die Hände hebt und sagt, „Ich hab wirklich keine Lust, mich zu prügeln, und wenn es nach mir geht, dann lassen wir die Sache jetzt einfach auf sich beruhen. Aber wenn du nicht aufhörst, werde ich mich zu wehren wissen." In diesem Stadium duckt der Hund sich, erstarrt in seiner Position, eine Piloerektion (Sträuben des Fells vor allem im Nackenbereich) wird sichtbar, die Muskelspannung im ganzen Körper steigt stark an und vielleicht lässt das Tier auch ein erstes Knurren ertönen.

Die Übergänge zur nächsten Phase sind fließend und bei vielen Tieren nicht abzugrenzen, die Drohgebärden intensivieren sich lediglich. Drohfixieren, also das bewusste, intensive Anstarren (und somit genau das, was die Calming Signals „Blick abwenden" oder „blinzeln" vermeiden möchten) kommen hinzu und der Muskeltonus erhöht sich weiter.

Die ganze Körpersprache des Hundes zeigt nun: Er ist in höchster Alarmbereitschaft und durchaus auch in Angriffsbereitschaft. Die Anspannung liegt nun zum Greifen intensiv in der Luft, auch Zähne fletschen und deutliches Präsentieren, lautes Verbellen und Kräuseln des Nasenrückens gehören hier zum Verhaltensrepertoire. Es ist nun allerhöchste Zeit, als Halter oder Trainer einzugreifen und die Situation zu beenden, denn als nächste Eskalationsstufe bleibt nur der Angriff – der zunächst jedoch nur zum Schein ausgeführt wird. In dieser Phase geht das Tier nun auf den Gegner los, zumindest scheint es dem menschlichen Beobachter oft so. Die Drohhaltung intensiviert sich, der Hund geht nach vorne auf den Kontrahenten los und schnappt zu, allerdings zunächst noch am Gegner vorbei. Dies geschieht in voller Absicht, denn noch immer möchte der Hund eigentlich überhaupt nicht kämpfen.

Das Beißen in die Luft soll dem Gegner zeigen, zu was er in der Lage wäre und zu was er letztlich auch bereit wäre, zu tun, mehr jedoch nicht. In der nächsten Phase ist dies jedoch nicht mehr ausreichend: Nun wird tatsächlich erstmalig zugeschnappt, doch noch immer ist dieses Schnappen ebenfalls eher als Drohgebärde zu werten, denn es erfolgt keineswegs mit Verletzungsabsicht. Es handelt sich eher um ein Zwicken, leichte Zahnabdrücke können erkennbar sein, tatsächliche Schäden richtet der Hund jedoch noch nicht an.

Dies ändert sich in der nächsten Phase. Nun fühlt sich der Hund gezwungen, zumindest zum Teil ernst zu machen. Es kommt zum gehemmten Beißen, oft ein einzelner Biss, manchmal ein Packen des Gegners. Tatsächliche Verletzungsabsicht besteht auch hier noch nicht, allerdings können Folgen sichtbar sein. Die Bisse erzeugen leichtere

Hautverletzungen, Quetschungen oder auch Hämatome, sind aber in der Regel noch nicht ernsthaft gefährlich. Sie sind jedoch die allerletzte Warnung für das, was nun folgen muss, wenn die Situation nicht endlich entschärft wird: die tatsächliche und vollständige Eskalation.

Nun wird ungehemmt zugebissen, also mit voller Kraft, und es bleibt auch nicht beim einmaligen Biss. Es sind diese Situationen, die ernsthafte Verletzungen herbeiführen, sowohl beim Artgenossen als auch beim Menschen, und die im schlimmsten Fall und je nach körperlicher Statur des Hundes auch tödlich sein können. Und es ist wohl der

Albtraum aller Hundebesitzer. Allerdings – und das zeigt die vorliegende Beschreibung ganz deutlich – ist dies so gut wie nie eine Katastrophe ohne Ansage. Für traumatisierte, nicht sozialisierte und nicht erzogene Hunde trifft dies nicht unbedingt zu, allerdings hält man sich einen solchen auch nicht unerkannt als Familienhund. Für die allermeisten Hundehalter gilt: Ihr Tier beißt nicht ohne Vorwarnung zu.
Ganz im Gegenteil sendet es eine Fülle an Signalen, bevor es sich zu einem ersten Angriff hinreißen lässt – nur werden diese leider nicht immer gesehen oder verstanden. Natürlich zeigt nicht jeder Hund immer mustergültig all die beschriebenen Zeichen, Stufen können übersprungen oder vermischt werden oder sie folgen so rasch aufeinander, dass der Übergang kaum wahrnehmbar ist.

Jedoch lässt sich eine graduelle Eskalierung fast immer beobachten und sie wird vom Menschen oft auch gesehen. Trotzdem halten noch immer viele Hundebesitzer vorhergehendes Verhalten entweder für ein unschuldiges Spiel oder sie nehmen an, das müssten die Tiere eben auf diese Weise unter sich ausmachen. Dass das ein gefährlicher Irrtum sein kann, beweisen immer wieder traurige Schlagzeilen von Vorfällen etwa mit Kindern oder gar den Besitzern selbst. Das Identifizieren potenziell gefährlicher Situationen kann auch dadurch erschwert werden, dass der verantwortliche Mensch gar nichts erkennen kann, was der Hund als Bedrohung empfände. Leider tritt dieser Fall häufig im Umgang mit Kindern oder fremden Menschen auf, die es ja nur gut meinen oder harmlos mit dem Tier herumalbern.

Doch was der Halter leicht als ungefährlich identifiziert, kann für den Hund höchst bedrohliches Verhalten sein. Es gehört also zur

Verantwortung jedes Besitzers oder Trainers, die Zeichen etwaiger Eskalation aufmerksam mitzuverfolgen und rechtzeitig einzuschreiten – auch wenn ihm selbst der Grund nicht offensichtlich ist. Die Hunde geben uns genug Gelegenheit dazu – wenn wir sie nicht nutzen, machen wir uns schuldig. Ein letzter Punkt gehört in diesem Zusammenhang unbedingt erwähnt: Nicht selten machen Menschen den Fehler, Verhalten auf den unteren Stufen der Eskalationsleiter zu bestrafen, etwa Bellen oder Knurren. Sie sehen es als reine Ungezogenheit des Hundes an und wollen es ihm abgewöhnen, wie etwa das Zerfetzen der Sofakissen. Was sie dabei nicht bedenken: Sie zwingen den Hund dazu, auf dieses Verhalten künftig zu verzichten. Das Tier lernt sehr gut und gründlich, was sein Herrchen oder Frauchen nicht toleriert – im schlimmsten Fall wird dann diese Eskalationsstufe einfach übersprungen, was die Möglichkeiten, einzugreifen, verringert.

Milde und starke Calming Signals

Die Darstellung der einzelnen Eskalationsstufen hat nun schon gezeigt, dass es Beschwichtigungssignale unterschiedlicher Intensität gibt. Die einen sind milder in ihrer Wirkung und werden eher zu Beginn eines Konflikts gezeigt, andere haben deutlich mehr Aussagekraft und machen dann auch klar, dass eine Eskalation sich abzeichnet. Aber welche Signale sind nun vergleichsweise sanft und bei welchen sollten die Alarmglocken schon lauter schrillen? Sehen wir uns im Folgenden eine Einordnung der unterschiedlichen Verhaltensweisen an.

Stark verallgemeinert lässt sich sagen, was bereits im vorigen Kapitel angedeutet wurde: Signale, die sich eher auf das ausführende Tier selbst richten oder schon aus weiterer Entfernung gewissermaßen

prophylaktisch gezeigt werden, sind mildere Signale als solche, die bereit explizit den Kontrahenten adressieren und teils auch eine räumliche Veränderung mit einschließen. So sind beispielsweise Züngeln, Gähnen, Schmatzen oder Blinzeln recht milde Signale. Viele Hunde zeigen sie im Alltag sehr häufig und noch bevor sie starken Stress empfinden. Damit können verschiedene Botschaften ausgedrückt werden.
Das Tier wendet sie beispielsweise oft in erster Linie für sich selbst an, also um sich zu beruhigen oder einfach ein wenig zu entspannen. Das Anspannungsniveau muss noch nicht besonders hoch sein, sondern vielleicht nur ein kleines bisschen oberhalb der Neutralstimmung liegen, und der Hund möchte gerne ins völlig entspannte Neutral zurück.

Also leckt er sich kurz beruhigend die Schnauze und legt sich dann wieder zufrieden hin. Im Kontakt mit Artgenossen ist die Botschaft vorbeugend, es wird die eigene friedliche Absicht kundgetan, bevor irgendein anderer Eindruck entstehen könnte. Man muss bedenken, dass jede Begegnung zwischen zwei Hunden schließlich eine gewisse „Klärung" verlangt. Das ist gar nicht so dramatisch, wie es klingt, man kann es wieder recht gut mit der zwischenmenschlichen Kommunikation vergleichen. Stellen Sie sich vor, Sie sitzen in Ihrem Büro, die Tür öffnet sich und jemand kommt herein – völlig harmlos, aber trotzdem verlangt die Situation nach Klärung.

Der Besucher sagt vielleicht freundlich, „Hallo.", und geht an Ihnen vorbei, dann wissen Sie, „Ach, der will nur durchgehen zum Schreibtisch des Kollegen", oder er sagt etwas wie, „Ich muss nur eben kurz an den Aktenschrank", dann sind Sie auch informiert über seine Absichten oder er spricht Sie an und stellt Ihnen eine Frage – er kam also, um mit

Ihnen zu sprechen. Vielleicht gehört er auch zur kommunikationssparsamen Sorte, dann gibt es nur ein kurzes Nicken und er geht zum Aktenschrank – merkwürdig und Anspannung erzeugend wäre jedoch, wenn er einfach Ihr Büro betritt und keinerlei Reaktion auf Ihre Gegenwart zeigt. Das würde Sie vermutlich verunsichern und Sie würden sich fragen, „Möchte er sein Missfallen ausdrücken?
Hat er etwas gegen mich? Hat er mich nicht gesehen und verhält sich deshalb womöglich gleich unpassend? Ist er aggressiv und hat sich nur noch knapp unter Kontrolle?".

Ganz ähnlich verhält es sich nun mit Hundebegegnungen und wenn Ihr Tier also schon zu Beginn des Zusammentreffens beispielsweise ein wenig vor sich hin züngelt, sagt er in etwa, „Hallo, alles gut, ich komme nur gerade eben vorbei, habe keine weiteren Absichten, du musst dir keine Sorgen machen". Menschen gegenüber zeigt der Hund diese milden Signale oft, wenn er irritiert oder leicht überfordert ist, also etwa, wenn er von Ihnen ein Kommando hört, aber nicht genau weiß, was jetzt eigentlich von ihm erwartet wird. Die Botschaft ist dann etwa, „Sorry, ich weiß gerade nicht genau, was du von mir willst, aber ich meine es nicht böse, ich will nicht ungehorsam sein". Ebenfalls wird es als erste sanfte Bekundung einer Abneigung gegen ein bestimmtes Verhalten angewendet, wenn etwa ein Kind ihn zu fest umarmt oder Sie ihn am Kopf kraulen und er das gerade nicht möchte, dann heißt es, „Bitte gerade nicht, ich hätte lieber, dass du das bleiben lässt."

Ebenfalls milde Zeichen sind das Bogenschlagen und das Abwenden des Kopfes bzw. durch Hin-und-Herblicken das Vermeiden von Augenkontakt.

Auch diese Verhaltensweisen werden oft präventiv gezeigt, um die friedliche Absicht zu bekunden. Ein Hund, der sich einem Artgenossen oder Menschen nähert, indem er einen Bogen geht, sagt ganz deutlich, „Ich will dich nicht stressen oder bedrängen. Meine Absichten sind ganz harmlos, ich muss nur eben hier vorbei bzw. möchte gerne zu dir kommen". Das Wegdrehen des Kopfes bedeutet ganz Ähnliches, durch explizites und deutliches Nicht-Anschauen beweist der Hund, dass er das Gegenteil – nämlich aggressives Anstarren – auf jeden Fall vermeiden will: „Ich bin überhaupt nicht an Streit interessiert und du hoffentlich auch nicht", könnte man übersetzen. Ähnlich mild ist auch das Signal der Bewegungsverlangsamung. Der Hund teilt dadurch mit, dass er den anderen wahrgenommen hat und dessen Bedürfnisse bzw. den Anspruch auf Abstand und Nicht-Belästigt-Werden respektiert. Gegenüber dem Menschen wird es, wie bereits erwähnt, oft verwendet, wenn das Tier eine gewisse Anspannung bei Trainer oder Halter bemerkt. Es bedeutet dann in etwa, „Ich spüre, dass du irgendwie angespannt/verärgert/gestresst bist. Ich weiß zwar nicht, warum, und auch nicht, ob ich damit zu tun habe, aber ich möchte dich gerne beruhigen. Ich mache ganz langsam, du kannst ruhig wieder ein bisschen herunterkommen."

Ebenfalls meistens recht mild in der Anwendung ist das Umherschnüffeln. Es ist eine ablenkende, leichte Geste, die jeden Zweifel an der eigenen Harmlosigkeit zerstreuen soll. „Schau, ich tu gar nichts, ich schnüffele hier völlig unbekümmert und desinteressiert am Boden herum und beschäftige mich mit ganz anderen Dingen als mit dir."

Besitzer sollten aber trotzdem aufmerksam gegenüber diesem Verhalten sein, denn es wird auch gerne als Übersprungshandlung verwendet. Und wenn ein Hund diese im Verlauf eines Konflikts zeigt, ist der Streit schon ein Stück weit eskaliert, wie im vorigen Kapitel gezeigt wurde. Dann ist es Zeit, zu handeln und das Tier aus der Situation herauszunehmen. Das Gleiche gilt übrigens für Kratzen – Betonung der eigenen Harmlosigkeit oder aber Übersprungverhalten.

Kommen wir nun zu den stärkeren Calming Signals. Bei einigen davon ist die Steigerung in der Wirkung ganz offensichtlich, da sie einhergeht mit einer Steigerung bereits gezeigter milder Signale. Ein Musterbeispiel ist das Abwenden des Körpers. Es ist die Intensivierung des Kopfwendens, zuerst hat der Hund es damit versucht, einfach nur den Kopf zur Seite zu drehen und dadurch seine Friedfertigkeit zu demonstrieren. Wenn er nun den Eindruck hat, dass diese Botschaft nicht deutlich genug war, verstärkt er sie, indem er sich nun komplett abwendet und dem anderen seinen Rücken zudreht.

Manche Hunde haben dies zwar als Begrüßungsritual mit ihrem Halter etabliert, in den meisten Fällen ist dies jedoch kein Signal, dass der Hund zu Beginn einer Begegnung unmittelbar zeigen würde. Wie beschrieben, dienen viele der milden Signale ja tatsächlich in erster Linie der höflichen Aufnahme der Kommunikation. Das Umdrehen geht eine Stufe weiter und besagt, „Oh, ich merke, du bist nicht ganz überzeugt von meinen harmlosen Absichten. Ich muss dir also explizit sagen, dass ich wirklich nichts Böses im Schilde führe“.

Es ist ein wenig, als hätte der Kollege, der in Ihr Büro geplatzt ist und mit einem kurzen Nicken an Ihrem Tisch vorbeigegangen ist, bemerkt, dass Sie etwas irritiert sind und er würde dann kurz innehalten und sagen, „Oh Entschuldigung, ich wollte nur kurz durch Ihr Büro huschen, um zu Herrn Fischer zu gehen“. Ähnlich lässt sich auch die Verlangsamung der Bewegungen intensivieren, nämlich bis zum Stillstand. Der Hund bemerkt, dass sein Gegenüber trotz vorheriger Signale noch angespannt und misstrauisch ist und stellt fest, dass er sich ein bisschen mehr Mühe geben muss, um von seiner Harmlosigkeit zu überzeugen. Also bleibt er ganz stehen und setzt oder legt sich womöglich hin. Damit macht er aktiv deutlich, Ruhe und Frieden wahren zu wollen, und er geht über die floskelartige Einleitung hinaus. Auch Ihnen gegenüber zeigt er dieses Verhalten, wenn er glaubt, Sie nachdrücklicher beschwichtigen zu müssen. Diese Dynamik entsteht nicht selten aus seiner vorherigen Verlangsamung heraus: Diese hat er schließlich gezeigt, weil er Sie als leicht gestresst empfunden hat und beruhigen wollte. Wenn Sie nun wirklich unter Stress, vor allem Zeitdruck, standen, hat diese Verlangsamung aber vermutlich das genaue Gegenteil bewirkt: Sie sind jetzt noch gestresster. Also zieht der Hund ein weiteres Register und hält völlig in seiner Bewegung inne – wie sich diese Eskalationsspirale bei Nichtverständnis weiterschraubt, kann man sich leicht ausmalen.

Ebenfalls recht starke Beschwichtigungssignale sind das Einnehmen der Vorderkörpertiefstellung und bei manchen Hunden das Heben der Pfote. Dabei handelt es sich nicht um Zeichen, die zu Beginn einer Begegnung höflich gezeigt werden, sondern um direkte Reaktionen auf wahrgenommene Anspannung.

Das Tier wird sie erst zeigen, wenn es deutlich spürt, „Okay, hier ist nicht alles selbstverständlich friedlich“. Das Absenken des Vorderkörpers wird vor allem Artgenossen gegenüber gezeigt und soll auf eindrückliche Art die eigene Harmlosigkeit beweisen: Man macht sich klein und imitiert sogar eine Spielaufforderung – die ultimative Harmlosigkeit. Aufgebrachte oder gar aggressive Hunde sollen somit ganz aktiv beruhigt werden, die Botschaft lässt sich etwa so zusammenfassen: „Hey, bitte beruhige dich, ich will überhaupt keinen Ärger und bitte dich, dich auch so zu verhalten, dass das nicht nötig ist. Schau her, von mir hast du wirklich nichts Böses zu erwarten“. Die Pfote heben Hunde auch öfter dem Menschen gegenüber und in jedem Fall – ob mit Artgenosse oder Mensch – bedeutet dies eine starke Bitte, das bisherige Verhalten friedlicher zu gestalten oder zu beenden. Ein zu wilder Spielkamerad oder auch ein tobendes Kind wird aktiv und nachdrücklich gebeten, „Bitte nicht mehr so wild. Bitte lass das jetzt, pack mich nicht so fest, zieh mich nicht am Ohr, schrei nicht so laut, spring nicht so wild um mich herum“.

Auch dem scheltenden Hundebesitzer gegenüber wird das Verhalten gezeigt und es bedeutet so viel wie, „Bitte hör auf, mit mir zu schimpfen/zu schreien. Es stresst mich gerade wirklich und macht mir Angst“. Es ist eine Geste, die oft so rührend aussieht, wie sie auch tatsächlich ist: Das Tier bittet um mildere, weniger ängstigende oder stressende Behandlung, was ihm unbedingt gewährt werden sollte, auch vom Artgenossen. Denn schließlich hat die Eskalationsleiter deutlich gezeigt, was die Folgen sein können, wenn solche Hundebedürfnisse nicht berücksichtigt werden.

Und schließlich sind auch Pinkeln und Splitten sehr starke Calming Signals. Pinkeln zur Beruhigung ist oft noch ein Relikt aus der Welpenzeit, wo der junge Hund sich auf den Rücken wirft und pinkelt, um seine maximale Unterwerfung zu demonstrieren. Vom erwachsenen Hund wird es oft gezeigt, wenn er sonst wirklich keinen anderen (friedlichen) Ausweg mehr weiß. Es ist also als sehr starke und deutliche Botschaft der Verzweiflung zu werten. Allerdings: Manchmal wird auch beim friedlichen Zusammentreffen mehrerer Hunde beobachtet, dass alle anfangen, zu pinkeln, einer nach dem anderen. Das hat dann vielmehr den Charakter eines Gruppenevents und nichts mehr mit Anspannung zu tun, ebenso wird Pinkeln als wichtiges „Nachrichtenmedium" verwendet. Man muss hier also genau auf die Gesamtsituation achten, um festzustellen, was genau das Urinieren nun besagt. Splitten ist hingegen weniger missverständlich und wird nur gezeigt, wenn der Hund wirklich davon ausgeht, dass hier unmittelbare Konfliktgefahr droht.

Er drängt sich zwischen zwei Individuen, die seiner Meinung nach bedrohlich nahe beieinanderstehen, weil er eine sofortige räumliche Trennung für das einzige Mittel hält, einen Kampf zu vermeiden. Was in der Welpenspielgruppe Gold wert sein kann, ist für menschliche Paare manchmal ein Ärgernis, aber man sollte hier auf jeden Fall die Auffassung des Hundes berücksichtigen. Schließlich hat er die besten Absichten und vermutlich ernsthaft Angst um Sie. Zeigt er das Verhalten öfter, muss ihm auf nachhaltige und sanfte Art und Weise gezeigt werden, dass diese Situationen wirklich harmlos sind.

Wer ist der Hundeboss?

Mit all diesen Zeichen regeln die Hunde nun sehr viel untereinander und oftmals sind diese Verhaltensweisen überhaupt kein Grund, einzugreifen – im Gegenteil: Hunde regeln damit ihre Angelegenheiten. Das gilt übrigens auch für weitere Verhaltensweisen, wie etwa leichte Drohgebärden oder Unterwürfigkeitsgesten. Werden die Signale jedoch unter Hunden, die in einem Haushalt leben und somit ein Rudel bilden, häufig und intensiv gezeigt, kann das auch ein Zeichen dafür sein, dass etwas grundsätzlich schiefläuft, und leider spielen dabei nicht selten Sie eine Rolle. Wir wissen bereits, dass sich unter zusammenlebenden Hunden zwangsläufig eine Rangordnung herausbildet. Wenn es sich nicht tatsächlich um eine Familie handelt, ist es zwar kein Rudel im klassischen Sinne, es muss sich aber trotzdem ähnlich strukturieren. Für Halter ist es zunächst einmal wichtig, diese Tatsache als gut und richtig anzuerkennen. Hunde brauchen diese Form der Organisation, um das Gefühl von Verlässlichkeit und Sicherheit zu empfinden: Jeder kennt seinen Platz und seine Aufgaben, jeder weiß, was ihm wann zusteht. Das erspart die kraftraubenden und stressigen Anstrengungen, bei jeder Kleinigkeit aufs Neue die Verhältnisse klären zu müssen, etwa bei jedem neuen Spielzeug, jedes Mal, wenn es Futter gibt, jedes Mal, wenn Herrchen oder Frauchen nach Hause kommen etc.

Wieder einmal geht es uns Menschen da gar nicht so anders, denn aus genau diesem Grund haben wir im Arbeitsleben Hierarchien errichtet. Manchmal nervt uns unser Vorgesetzter und wir würden jetzt in dieser Situation lieber selbst entscheiden, aber ganz grundsätzlich wissen wir, dass es gut ist, dass es einen Chef gibt, der bestimmt, und darunter einige Vorgesetzte, die ebenfalls ihre Teilbereiche regeln. Die Alternative wäre nämlich, dass jeden Tag aufs Neue alle gemeinsam über jede Kleinigkeit verhandeln müssten oder gar in Kämpfe ziehen, um sich durchzusetzen.

Dies wäre unendlich kraftraubend und brächte ein starkes Gefühl der Unsicherheit mit sich, ebenso wie permanenten Stress. Wäre eine Firma nach diesen Prinzipien organisiert, könnte sie morgen dichtmachen, und deswegen fügen wir uns letztlich freiwillig ein in diese Ordnung – weil wir wissen, dass am Ende alle davon profitieren. Nicht anders ist es nun bei unseren Vierbeinern.

Wenn sie gut sozialisierte, emotional stabile Tiere sind, werden sie unter sich eine bestimmte Rangordnung etablieren, und darauf haben wir als Menschen keinen Einfluss. Das sollten wir uns stets bewusst machen: Wir können weder eine bestehende Rangordnung verändern noch zu Beginn die von uns gewünschte Ordnung einrichten, das müssen wir schon unseren Hunden selbst überlassen. Je klarer und strenger diese Rangordnung ist, desto weniger Streitigkeiten und Konflikte gibt es unter den Tieren, was sowohl für die Hunde als auch für die Halter das Leben sehr erleichtert. Die Hunde benötigen diese Orientierung und Sicherheit und die Menschen müssen sich nicht ständig Sorgen machen, ob sie denn nun besser irgendwo eingreifen sollten.

Ist die Rangordnungsfrage nicht eindeutig geklärt, kommt es verstärkt zu Rivalitäten: So wird etwa um Futter gestritten, um Spielzeug, darum, wer zuerst nach draußen darf oder wer den heimkehrenden Besitzer zuerst begrüßt.

Für Sie als Besitzer ist es nun von höchster Bedeutung, die Ordnung innerhalb Ihres häuslichen Rudels zu kennen, denn nur so können Sie vermeiden, unbeabsichtigt hineinzupfuschen. Meistens lässt sich dies an einigen Verhaltensweisen ablesen.

So wird etwa der übergeordnete Hund vermutlich der Erste sein, der durch die Tür huscht, wenn es nach draußen zum Spaziergang geht. Beim Füttern wird er zuerst beginnen, zu fressen, und wenn Sie etwa ein neues Spielzeug mit nach Hause bringen, beschäftigt er sich ganz selbstverständlich als erster damit. Stehen beide sich gegenüber, duckt sich der Untergeordnete leicht oder wendet deeskalierend den Kopf ab. Bei zwei Hunden ist es oft leicht, herauszufinden, wer den dominanteren Part übernimmt, gibt es mehrere Tiere, braucht es ausführlichere Beobachtungen. Und wenn Sie dann herausgefunden haben, wie es bei Ihnen im Rudel so läuft, können Sie als Halter einiges tun, um die Stabilität zu erhalten. Unterstützen Sie durch Ihren Umgang mit den Tieren die von ihnen etablierte Ordnung, indem Sie etwa grundsätzlich das überlegene Tier zuerst begrüßen, es zuerst für den Spaziergang anleinen, und es zuerst von der Leine lassen. Ganz besonders wichtig ist es, dass Sie einige Verhaltensweisen unterlassen, wenn Sie Situationen beobachten, die Ihnen „gemein" oder „unfair" vorkommen.

Ein typisches Missverständnis ist etwa folgende Situation: Zwei Hunde, Rex und Tim, bilden das Rudel, Rex ist der Übergeordnete, Tim der Untergeordnete. Ein Stoffhäschen ist das erklärte Lieblingsspielzeug beider und der Besitzer beobachtet nun, dass Tim fröhlich damit spielt, bis Rex kommt und es ihm wegnimmt, vielleicht noch mit leichten Drohgebärden. Tim zeigt Beschwichtigungssignale und wirkt durch sein unterwürfiges Ablegen oder Kopfabwenden mitleiderregend unterdrückt. Der Halter ist nun empört, schimpft mit Rex, der zum armen Tim nicht so böse sein soll, tröstet Tim und gibt ihm womöglich noch das Spielzeug zurück. Damit hat er in dieser Situation so ziemlich alles falsch gemacht. Für Rex und Tim gehören diese regelmäßigen Rückversicherungen bezüglich der Rangordnung zum gesunden Sozialverhalten und auch Tim fühlt sich in erster Linie wohl, wenn die Verhältnisse klar sind – er hat kein Problem damit, sich unterzuordnen. Stattdessen sind jetzt beide einigermaßen verwirrt, weil ihr Halter alles durcheinandergebracht hat. Letztlich führt dies nur dazu, dass die Hunde verunsichert sind und noch öfter ihre Hierarchie untereinander klären müssen – und je mehr sie dabei gestört werden, desto heftiger müssen irgendwann die Auseinandersetzungen ausfallen. Für Sie als Trainer oder Besitzer gilt also: Mischen Sie sich nicht ein, wenn Sie ein solches Verhalten beobachten. Schimpfen Sie nie mit dem dominanten Tier, wenn es ganz korrekt seine Dominanz zum Ausdruck bringt, und trösten oder entschädigen Sie das vermeintlich unterdrückte Tier nicht. Versuchen Sie auch nicht, sozusagen anderweitig Ausgleich zu schaffen, indem Sie etwa absichtlich den rangniedrigeren Hund zuerst füttern.

Auch dies sorgt nur für Verwirrung und macht erneute Futterkämpfe nötig, um die Ordnung wiederherzustellen. Eingreifen sollten Sie wirklich nur, wenn ein Tier tatsächlich gemobbt und systematisch tyrannisiert wird. Um diesen Fall einschätzen zu können, helfen Ihnen erneut die Beschwichtigungssignale. Beobachten Sie Ihre Vierbeiner aufmerksam in ihrem Verhalten zueinander: Zeigt der Untergebene diese Signale? Werden sie vom Überlegenen wahrgenommen und wird ordnungsgemäß darauf reagiert? Falls ja, ist mit ziemlicher Sicherheit alles in Ordnung und Ihre Hunde zeigen ein äußerst gesundes Sozialverhalten, das Sie keinesfalls stören sollten. In aller Regel ist dies auch der Fall, denn wirklich bösartige Tyrannen gibt es höchst selten – bei diesen helfen dann jedoch meist nur professionelle Unterstützung oder Einzelhaltung.

Konflikte mit Calming Signals deeskalieren

Obwohl Beschwichtigungssignale ein überaus praktisch orientiertes Themenfeld sind, ist eine Menge an Hintergrundwissen nötig, um ihre Wirkung und Bedeutung tatsächlich zu verstehen. Die grundsätzliche Theorie über Sozialisationsprozesse, Konfliktverhalten, natürliche Voraussetzungen und die Rolle des Menschen in der Hundeentwicklung wurde nun ausführlich behandelt und auf diesem Wissen basierend können Sie dann zur Tat schreiten: Aktiv und situationsangepasst mit den Signalen arbeiten.

Dies funktioniert auf unterschiedlichen Ebenen und in zahlreichen Situationen, die natürlich so vielfältig sind, dass sie nicht alle beschrieben werden können. Wichtiger ist es also, ein grundlegendes Verständnis der Dynamik zu entwickeln, und dies geht am besten, wenn man einzelne Situationen herausgreift und analysiert.

So lässt sich herausarbeiten, auf welche Faktoren es letztlich ankommt und was diese ausmacht und schließlich entwickelt man die Fähigkeit, sie auf andere Situationen zu übertragen und erfolgreich anzupassen. Doch bevor einzelne Beispiele und Anleitungen Ihnen ein Bild davon vermitteln, wie Sie mit den Beschwichtigungszeichen arbeiten können, muss eine ganz praktische Voraussetzung erfüllt sein und auch diese müssen Sie zunächst aktiv herbeiführen: Sie müssen dominieren.

VORAUSSETZUNG: SIE SIND DER CHEF

Dass eine klare Rangordnung zwischen den Hunden eines häuslichen Rudels eine entscheidende Rolle spielt, wurde im letzten Kapitel bereits deutlich, das allein ist jedoch noch nicht ausreichend. Im Zusammenleben mit dem Menschen ist es mindestens genauso wichtig, dass das Verhältnis Hund-Mensch klar ist, und hierbei steht von vornherein fest, welche Dominanzstruktur richtig ist: Der Mensch steht unverhandelbar über dem Hund. Anders ist es schlicht nicht möglich, denn schließlich trägt der Mensch die Verantwortung für die gesamte Lebensgemeinschaft und es ist die Menschenwelt, in der alle gemeinsam sich bewegen.

Der Mensch versteht und überblickt dieses System, der Hund tut es nicht. Sich also zum bedingungslosen Anführer zu machen, hat nichts mit Unterdrückung zu tun, sondern gibt dem Hund in erster Linie Sicherheit und Vertrauen – ein Geschenk, das Ihr Tier zu schätzen weiß. Über die genauen Modalitäten ist sich die Forschung bis heute nicht ganz einig, während man lange Zeit darauf schwor, der Hund müsse vom Menschen gründlich unterworfen werden – dafür wurden allerhand Unterdrückungshandlungen empfohlen –, bezweifelt man heute verstärkt, dass Hunde den Menschen tatsächlich als Rudelführer anerkennen. Fest steht jedoch, dass eine Rangordnung unverzichtbar ist und dass hierbei der Mensch an der Spitze stehen muss. Dafür ist es dann letztlich nicht von Bedeutung, ob der Hund im Menschen den Anführer seines Hunderudels sieht oder ihn als externe, aber trotzdem überlegene und weisungsbefugte Gestalt wahrnimmt. Wichtig ist: Der Mensch bestimmt und seine Entscheidungen sind das oberste Gebot.

Woran erkennt man eine ungeklärte Mensch-Hund-Rangordnung?

Allerdings sind manche Halter der Ansicht, es wäre Unterdrückung, dem Hund bedingungslos den eigenen Willen aufzuoktroyieren. Das Tier soll „mitbestimmen", denn schließlich geht es um sein Wohlbefinden und der Mensch ist nicht in der Lage, in den Hund hineinzufühlen. Oft wird dann der Fehler gemacht, zwischenmenschliche Prinzipien auf die Beziehung zum Hund zu übertragen. Man vergleicht den Hund etwa mit einem Kind, für das man letztlich zwar die Verantwortung trägt und sich dafür im Zweifelsfall auch einmal durchsetzen muss, das man aber auch in Entscheidungen miteinbeziehen möchte.

Klassische Situationen: Das Kind hat vermutlich wenig Lust, zum Arzt zu gehen und sich impfen zu lassen, und möglicherweise möchte es kein Gemüse essen, sondern lieber ausschließlich Gummibärchen. Dann sind selbstverständlich die Eltern in der Pflicht, beides durchzusetzen, auch gegen den Willen des Kindes. Allerdings ist es ebenfalls ein Merkmal gelingender Erziehung, die Wünsche, Eigenheiten und Präferenzen der Kinder zu berücksichtigen.

Der große Unterschied zum Hund: Man erzieht seine Kinder in der Absicht, sie am Ende als eigenverantwortliche, selbstständige Erwachsene in die Welt zu entlassen. Beim Hund trifft dies nicht zu. Er wird auf ewig als vom Halter abhängiges Wesen in dessen Welt existieren und aus genau dem Grund ist eine klare Vorherrschaft des Menschen unerlässlich – eigentlich klar und ersichtlich, doch trotzdem gibt es immer wieder Schwierigkeiten mit Tieren, die sich nicht entsprechend der Rangordnung Mensch-über-Hund verhalten. Woran kann man nun aber erkennen, dass diese Beziehung nicht ausreichend geklärt ist?

Oft zeigt es sich dadurch, dass der Hund Dinge einfordert bzw. Abläufe zu bestimmen versucht, die eigentlich der Mensch festlegen sollte. Dann diktiert der Hund, wann Spielzeit ist und wann Spaziergehzeit, wie lange der Spaziergang dauern sollte, er bestimmt, wann es Futter gibt, fordert Streicheleinheiten ein und verteidigt womöglich Futter und Territorium gegen sein Herrchen. Und vor allem ignoriert er Kommandos und scheint keine Erziehung genossen zu haben. Zusammengefasst: Der Hund tanzt dem Menschen auf der Nase herum. Dafür ist ihm allerdings kein Vorwurf zu machen.

Es heißt dann zwar nicht selten, der Hund sei eben sehr dominant, vor allem aber ist er orientierungslos. Und das ist er, weil der Mensch sich im Umgang mit ihm als schwach und inkonsequent erweist und damit dem Hund nicht den Eindruck vermittelt, er hätte Dinge unter Kontrolle und wäre eine verlässliche Führungsfigur. In der Folge fühlt sich der Hund genötigt, diese Führungsrolle selbst auszufüllen, um für Ordnung und Stabilität zu sorgen – ein fataler Schluss, denn selbstverständlich ist diese Rangordnung völlig unmöglich.

Was man sich damit also erschafft, ist letztlich ein orientierungsloser, verunsicherter, überforderter und gestresster Hund. Und auch daran kann der Laie eine ungeklärte Ordnung erkennen: Das Tier ist überfordert und oftmals in stressigem Ausmaß aktiv. Manche Hunde versuchen dann deutlich wahrnehmbar, ihren Besitzer oder auch das Zuhause zu beschützen und zu verteidigen, sie verhalten sich aufgebracht, wenn jemand sich nähert, und scheinen in solchen Situationen grundsätzlich unter Strom zu stehen. Kein Wunder – schließlich haben sie die Funktion des Anführers übernommen und Schutz ist ein wichtiger Teil der damit verbundenen Aufgaben.

Neben diesen recht eindeutigen Zeichen für einen Hund, der sich als Chef ansieht, gibt es Situationen, die vom Menschen oft gründlich missverstanden werden, letztlich aber das Gleiche bedeuten. Dominanz wird hier vom Hund nicht in der Form gezeigt, in der Menschen sie meist erwarten, nämlich Aggression und Gewalt. Stattdessen kommt die Vorherrschaft im sanften Gewand daher, das Tückische hierbei: Der Mensch beobachtet seinen Hund und ist ganz gerührt – von dessen Zuneigung, Vertrauensseligkeit, Anschmiegsamkeit etc.

Die Überordnung, die er dem Hund dadurch bestätigt, nimmt er gar nicht wahr. Schauen wir uns einmal ein paar typische Beispiele an, in denen Besitzern oft gar nicht bewusst ist, dass sie hier dominiert werden. Ganz vorne steht hier der anhängliche, liebesbedürftige Hund, der bettelnd und sehnsuchtsvoll seine Streicheleinheiten einfordert, mit niedlichen Schnauzenstupsern oder Pfotentippen. Dann lässt er sich streicheln oder kraulen, bis er genug hat und wieder ablässt von Herrchen oder Frauchen. Beenden Sie die Streicheleinheit zu früh, bedrängt der Hund Sie weiter und lächelnd geben sie nach, denken sich, „Was für ein liebes Tier! Wie sehr es von mir und meiner Zuneigung abhängig ist und wie anschmiegsam“. Die Botschaft für den Hund: „Ich bestimme, wann ich Streicheleinheiten bekomme, und ich entscheide auch, wie lange sie anzudauern haben. So gehört sich das schließlich für einen Chef“. Eine ähnliche Situation: Ihr Hund liegt quer über den Flur ausgestreckt und als Sie sich ihm nähern, gähnt er vielleicht oder guckt kurz. Um dort hinzukommen, wo Sie hinmöchten, müssen Sie über ihn steigen oder um ihn herumgehen.

Also klettern Sie über den Hund und er schaut Sie von unten mit großen Augen an. Sie denken: „Es ist wirklich herzzerreißend, wie vertrauensvoll und hingegeben er mir gegenüber ist, ich kann sogar über ihn drübersteigen, ohne dass er Angst bekommt“. Der Hund nimmt wahr: „Wenn der Boss sich einmal zur Ruhe gelegt hat, vertreibt ihn niemand von seinem Plätzchen. Man nimmt einen Umweg oder klettert mühsam darüber – mein Vorrecht wird grundsätzlich anerkannt“. Ähnlich verhält es sich mit manchen Hunden, die schier durchdrehen, wenn Besuch kommt.

Beim Ertönen der Türklingel rasen sie aufgeregt zum Eingang, bellen vielleicht sogar und wenn der Besuch im Haus ist, springen sie an ihm hoch, eskortieren ihn ins Wohnzimmer, nehmen bei ihm auf dem Sofa Platz und lassen sich streicheln. Besitzer sind nicht selten gerührt, wie ihr Tier sich freut und aufgeregt die Gesellschaft genießt, ohne sich dessen bewusst zu sein, dass der Hund hier auf sehr deutliche Art und Weise „sein“ Territorium kontrolliert und dafür sorgt, dass der „Eindringling“ sich nach seinem Gutdünken verhält.

Es gibt eine Reihe weiterer vergleichbarer Situationen, die aufgrund ihrer Friedlichkeit so unauffällig sind, dass viele Hundebesitzer ihrem Liebling hier schlicht auf den Leim gehen. Die Wurzel des Problems liegt einmal mehr darin, dass es ihnen nicht gelingt, sich ausreichend auf hündische Denkweisen einzustellen: Ein guter Anführer hat es überhaupt nicht nötig, seine Dominanz mit Aggression, Lautstärke oder Gewalt unter Beweis zu stellen – ganz im Gegenteil. Vorherrschaft und deren fortlaufende Bestätigung laufen viel eher sanft und ruhig ab – gegenüber Artgenossen wie auch gegenüber dem Menschen.

Das heißt natürlich im Umkehrschluss nicht, dass ein guter Hundehalter oder -trainer jede Bitte um Streicheln kategorisch ablehnen oder den Hund grundsätzlich von seinem Ruheplatz verscheuchen soll. Deutliche Rangordnungsführung zeichnet sich auch dadurch aus, dass der Chef es sich leisten kann, den Untergeordneten gönnerhaft die eine oder andere Frechheit durchgehen zu lassen. Dies lässt sich gerade bei erfahrenen, älteren Tieren den jüngeren und deutlich unterlegenen Artgenossen gegenüber beobachten. Sie haben es gar nicht nötig, auf jede probehalber ausgeführte Unbotmäßigkeit zu reagieren – gerade dadurch drückt sich souveräne Überlegenheit aus.

Das gilt ebenso für den menschlichen Rudelführer. Wichtig ist, festzustellen, ob Ihr Hund sich ganz grundsätzlich als Chef sieht und Situationen wie die eben beschriebenen regelmäßige Bestätigungen dieser Ordnung sind oder ob es sich um großzügige Ausnahmen Ihrerseits handelt. Wenn Sie ganz unverhandelbar der Anführer sind, können Sie es sich problemlos erlauben, Ihren faulen Hund grundsätzlich dort liegen zu lassen, wo es ihm gerade gefällt.

Dann versteht er dies als freundliche Gestattung Ihrerseits, für die er dankbar ist, da er weiß, dass sie ihm nicht automatisch zusteht. Ob es sich nun um eine problematische Rangordnungssituation handelt oder nicht, lässt sich am besten am Allgemeinverhalten des Hundes erkennen: Befolgt er Kommandos und Befehle anstandslos? Falls ja, ist dies ein gutes Zeichen dafür, dass Sie sich als Anführer ganz fraglos etabliert haben. Ist er allerdings zögerlich in seiner Folgsamkeit, gehorcht er oft nur nach mehrmaliger Aufforderung und steht er etwa, nachdem er kurz Platz gemacht hat, rasch wieder von selbst auf? Dann sollten Sie aufmerken: Als wirklich bindend nimmt er Ihre Anordnung dann nicht wahr, viel eher nimmt er sich die Freiheit heraus, zu entscheiden, wie viel und wie lange Ihre Befehle denn nun wirklich gelten – ganz natürlich für den Chef.

Deeskalationsprinzip: Sie sind der Chef! Wie machen Sie sich dazu?

Woran sich erkennen lässt, wenn zwischen Hund und Mensch kein klares, gesundes Dominanzgefälle herrscht, wissen Sie nun – aber wie lässt sich das vermeiden und warum ist es in Bezug auf Beschwichtigungssignale so wichtig? Hier gilt es zunächst, ein häufiges Missverständnis auszuräumen: Calming Signals wirken wie eine sanfte und damit zwangfreie Erziehungs- oder Interventionsmethode, die viele Menschen dazu verleitet, anzunehmen, Befehlsverhalten könnte damit vermieden werden. Aber das Gegenteil ist der Fall: Sie können mit diesen Signalen nur arbeiten, wenn Sie sich davor bereits als unbezweifelbarer Chef etabliert haben. Denn ansonsten ist alles, was Sie tun, zunächst nichts mehr als belangloses Gefuchtel.

Denn schließlich – das dürfen Sie nicht vergessen – versuchen Sie als Mensch, hier die Sprache des Hundes zu verwenden. Dass Sie dazu eine Berechtigung haben, muss Ihrem Hund erst einmal klar gemacht werden. Sie müssen sich also bereits vorab zum Chef gemacht haben und das ist gar nicht so schwierig. Denn Ihr Hund ist auf Sie und Ihre Führung angewiesen und prinzipiell ist er auch völlig bereit, Sie als überlegen anzuerkennen. Dies beginnt schon bei der schlichten Frage des Territoriums: Ihr Vierbeiner zieht bei Ihnen ein, nicht umgekehrt – Ihr Vorrecht ist damit schon einmal klar. Außerdem haben Sie ganz eindeutig die Macht über begehrenswerte Ressourcen.

Das Futter wird von Ihnen eingekauft und im Schrank verstaut, ebenso holen Sie die Dosen hervor und öffnen sie. Sie können die Haustüre öffnen, um Ihren Liebling nach draußen zu lassen, und Sie sind es, der ihn anleint und damit auch physisch unter Kontrolle hat. Ihre Überlegenheit steht dem Hund absolut deutlich vor Augen, vielmehr noch begreift er seine absolute Abhängigkeit von Ihnen und Ihrem Wohlwollen. Kurz gesagt: Die Bereitschaft Ihres Hundes, Sie als Anführer zu betrachten, ist groß und Sie müssen sich schon sehr unsicher und nachlässig verhalten, um daran Zweifel aufkommen zu lassen. Das Schlüsselwort zum Erfolg lautet Konsequenz.

Während der Phase von Erziehung, Eingewöhnung und Rangordnungsetablierung muss Ihr *Nein* ein *Nein* sein und entweder das Tier darf grundsätzlich aufs Bett oder nicht – und falls ja, dann auch, wenn es tropfnass ist oder sich im Matsch gewälzt hat. Die genauen Maßnahmen und Grundsätze erfolgreicher Hundeerziehung stellen ein schier unerschöpfliches Feld dar, das ganze Bücher füllt und den Rahmen dieses Textes naturgemäß sprengen würde. Im Zusammenhang mit den Calming Signals ist lediglich festzuhalten, dass eine geklärte Rangordnung – ob zwischen Hund und Hund oder Hund und Mensch – eine unverzichtbare Voraussetzung dafür ist, dass diese Zeichen erfolgreich angewendet werden können. Fehlt der grundsätzliche soziale Bezugsrahmen, laufen auch die Beschwichtigungssignale ins Leere und sie führen dadurch zu Verwirrung und Ohnmachtsgefühlen bei den Tieren. Deshalb ist es für Halter und Trainer gleichermaßen wichtig, dass sie in der Lage sind, zu erkennen, wenn im Rangordnungsgefüge Probleme herrschen – und notfalls Strategien zu finden, um hier gegenzusteuern.

CALMING SIGNALS ALS LÖSUNGSSTRATEGIE: KONFLIKTE BEIM GASSIGEHEN

Wenn die Rangordnungsfrage in befriedigender Weise geklärt ist, können Sie sich nun daran machen, tatsächlich mit den Signalen zu arbeiten. Die Konfliktsituation schlechthin, also die Situation, in der die meisten Hundehalter sich wohl am sehnlichsten ein paar entschärfende und beschwichtigende Maßnahmen herbeiwünschen, ist vermutlich das Gassigehen. Denn schließlich verlassen Sie hier gemeinsam mit Ihrem Hund die eigenen vier Wände bzw. die gewohnte Umgebung und damit den Bereich, in dem Sie die meisten Dinge unter Kontrolle haben. Zuhause können Sie dafür sorgen, dass es nicht zu laut oder hektisch wird und ohnehin liegt es in Ihrer Macht, festzulegen, wer es betritt. Hat Ihr Liebling Probleme mit Artgenossen – nun, dann bleiben die eben draußen.

Sobald Sie sich aber aufmachen zum Spaziergang in Park, Wald oder Wohnsiedlung, betreten Sie Fremdgebiet und alles Mögliche kann passieren – Begegnungen mit Katzen, anderen Hunden – gut erzogene, schlecht erzogene, große, kleine –, mit ahnungslosen oder rücksichtslosen Menschen, mit vorbeirasenden Autos, Martinshörnern und was die Welt noch so bereithält an potenziellen Schreckmomenten für Vierbeiner. Verhindern können Sie diese Dinge nicht, mit den Calming Signals haben Sie jedoch ein gutes Werkzeug an der Hand, um solchen Vorfällen nicht völlig ausgeliefert zu sein. Im Umgang mit anderen Hunden gibt es nun im Wesentlichen zwei Richtungen, in denen Sie die Zeichen einsetzen können: Indem Sie selbst einem fremden Hund gegenüber die Zeichen verwenden oder indem Sie mit kleinen Tricks letztlich Ihren Hund dazu bringen, diese Verhaltensweisen zu zeigen.

Beschwichtigungssignale vom eigenen Hund

Obwohl die Signale eigentlich die Sprache der Hunde sind und diese in der Regel Meister der Kommunikation, kann es trotzdem vorkommen, dass Sie als Mensch eine bevorstehende Begegnung früher oder besser als potenziell problematisch einschätzen als Ihr Vierbeiner. Dann kommt Ihnen etwa in einiger Entfernung ein Hund entgegen, dessen aufgeregtes Zerren an der Leine Ihnen bereits auffällt, oder aber Sie kennen das Tier von früheren Begegnungen. Ihr eigener Vierbeiner ist möglicherweise mit etwas ganz anderem beschäftigt und also noch ahnungslos in Bezug auf die bevorstehende Begegnung. Ebenfalls denkbar ist, dass es sich um eine Begegnung handelt, von der Sie befürchten, dass auch Ihr Liebling sich nicht gerade mit Beschwichtigungsruhm bekleckern wird.

Potenziell noch bedrohlicher: Ihnen kommt ein Hund entgegen, der nicht angeleint ist. Am anderen Ende der Leine steht demnach kein Hundehalter, der im Notfall mit schierer Kraft das Schlimmste verhindern könnte, und vielleicht wirkt das Tier nervös oder aufgeregt. Im Idealfall schätzt nun Ihr Hund die Situation korrekt ein und verhält sich vorbildlich deeskalierend. Allerdings ist hierauf kein blinder Verlass – auch der bravste und bestsozialisierte Hund hat einmal einen schlechten Tag oder ist von einer anderen Sache bereits gestresst – und würde der andere Hund auf Ihren losgehen, so könnten Sie kaum etwas tun. Was sich also anbietet, ist, die Beschwichtigung aktiv zu unterstützen.

Durch Ihr Verhalten bringen Sie Ihren eigenen Hund dazu, deeskalierende Verhaltensweisen zu zeigen, um so die Entstehung eines Konfliktes bereits von Anfang an zu unterbinden. Erste Möglichkeit: Bogenschlagen. Da Sie Ihren Hund schließlich an der Leine führen, können Sie die Richtung vorgeben und das Erste, was Sie vermeiden sollten, ist, geradewegs auf das fremde Tier zuzusteuern. Mit diesem Zeichen der Aggression würden Sie eine mögliche Spannungssituation nur unnötig anheizen, also führen Sie Ihren Hund bewusst in einem großen Bogen in die Richtung des anderen Hundes.

Halten Sie die Leine dabei so, dass Sie größtmögliche Kontrolle ausüben können und Ihrem Hund nicht die Bewegungsfreiheit lassen, durch eigenes Umherlaufen die klare Bogenstruktur zu zerstören. Achten Sie auch darauf, selbst ruhig und gelassen zu bleiben. Sie sollten selbstsicher und stark das Ruder in die Hand nehmen und letztlich das ausstrahlen, was einen souveränen Konfliktlöser im Hunderudel ausmachen würde.

Reden Sie beruhigend auf Ihr Tier ein, falls Ihnen das nötig erscheint, und lassen Sie sich vom Verhalten des anderen Hundes nicht beeindrucken. Zweite Möglichkeit: Wenn Sie Leckerli oder Spielzeug dabei haben, können Sie es verwenden, um Ihrem eigenen Hund gewünschte Bewegungsmuster zu entlocken. Eine Option ist, ihn ein wenig abseits der eigentlich zu gehenden Strecke nach kleinen Knabbereien suchen zu lassen. Werfen Sie kleine Leckereien auf den Boden und achten Sie darauf, diese auf der Seite, die vom fremden Hund weiter entfernt ist, zu verteilen. Ihr Hund wird sich mit Freude daran machen, danach zu stöbern, und was tut er dabei? Er schnüffelt suchend auf dem Boden herum – ein exzellentes Calming Signal.

Wie bereits erläutert, sendet diese Verhaltensweise eine beruhigende Botschaft an den Artgenossen und sagt in etwa, „Keine Bange, ich bin nicht an einer Konfrontation interessiert. Guck, ich habe ganz anderes zu tun, ich wende dir nicht einmal meine Aufmerksamkeit zu“. Der andere Hund wird dieses Verhalten wahrnehmen und als beruhigend interpretieren, wodurch sich die drohende Situation vielleicht bereits in Wohlgefallen auflöst.

Wenn Sie dem fremden Hund schon nähergekommen sind, empfiehlt sich eine leichte Abwandlung: Halten Sie Leckerli oder Spielzeug neben den Vorderkörper Ihres eigenen Hundes, und zwar wieder auf der dem fremden Tier abgewandten Seite. Damit bewegen Sie Ihren Hund dazu, den Kopf abzuwenden, um sich danach umzusehen. Er wendet also den Blick ab, dreht den Kopf zur Seite und zeigt dabei erneut eine deeskalierende Verhaltensweise.

Eine dritte Möglichkeit der Intervention bietet sich an, wenn die Bedrohung schon näher und wahrscheinlicher scheint. Die bisher hervorgerufenen Zeichen waren aus dem Bereich der milden Signale, greifen Sie nun zu einer stärkeren Botschaft: dem Splitten. Dafür nehmen Sie gewissermaßen die Rolle des schlichtenden Hundes ein, indem Sie sich zwischen den beiden Tieren platzieren. Aber Achtung: Bevor Sie das tun, schätzen Sie die Situation vernünftig ein. Stehen die beiden Tiere zu nahe beieinander, droht Ihnen ab einem gewissen Punkt womöglich selbst Gefahr und keinesfalls sollten Sie dies versuchen, wenn sich bereit ein Kampf abzeichnet.

Dann ist das Risiko für Ihre körperliche Unversehrtheit zu groß und im schlimmsten Fall kann Ihr Hund sich bei einem Angriff sicher besser zur Wehr setzen und damit weniger Schaden nehmen als Sie. Eine weitere Option, die Ihnen grundsätzlich zur Verfügung steht, ist, Ihr Tier mit Kommandos dazu zu bringen, sich hinzusetzen oder hinzulegen. Dies gehört schließlich zu den ganz grundlegenden Trainingsinhalten jedes Hundes und wirkt außerdem stark deeskalierend auf den potenziellen Kontrahenten. Legt Ihr Tier sich hin, so vermittelt er dem anderen die Botschaft, „Ich spüre, dass du angespannt bist, aber schau, von mir hast du nichts Böses zu erwarten.

Ich lege mich ganz ruhig hin und gebe dir die Möglichkeit, dich zu beruhigen“. Noch stärker wird die Nachricht, wenn sie sich mit anderen Verhaltensweisen wie Blickabwenden verbindet, und hierfür können Sie schließlich wieder zum Leckerli greifen. Natürlich funktioniert dieses „Ablenkungsmanöver“ nur, wenn Ihr Hund zuverlässig genug reagiert, und auch nur, wenn die Situation nicht schon zu weit eskaliert ist.

Auch der folgsamste Hund hat einen Punkt, an dem er denkt, „Ich höre, was du befiehlst, und ich verstehe es, aber die Situation ist so brenzlig, dass ich dem leider nicht Folge leisten kann. Ich muss mich jetzt darauf konzentrieren, die Angelegenheit hier möglichst glimpflich enden zu lassen“. Fordern Sie Ihr Tier über diesen Punkt hinaus mit Kommandos, verstärken Sie damit lediglich seinen Stress, denn schließlich ist er zusätzlich zur Bedrohung durch den Kontrahenten nun auch noch der Belastung nicht befolgbarer Befehle ausgesetzt.

Im schlimmsten Fall lähmt dies seine Handlungsfähigkeit und es führt zu Übersprungshandlungen oder Nichtstun, was im Konflikt verhängnisvoll sein könnte. Sicher entdecken Sie im Laufe der Zeit noch einige weitere Situationen, in denen Sie sozusagen stellvertretend für Ihren Hund diese Calming Signals verwenden können, um Konflikte mit anderen Hunden zu entschärfen. Seien Sie aufmerksam für die spezifischen Anforderungen der jeweiligen Situation und fragen Sie sich, welches Signal Sie Ihrem Tier vielleicht entlocken könnten.

Die beschriebenen Maßnahmen zielten nun in erster Linie darauf ab, einen fremden Hund aktiv zu beruhigen, aber natürlich wirken sie genauso in die andere Richtung: nämlich, wenn Ihr Tier Probleme bei der Begegnung mit Artgenossen hat.

Bringen Sie es wie beschrieben mit einigen Leckereien dazu, sich vom anderen Hund abzuwenden oder sich ihm in einem Bogen zu nähern, so wird dies mit großer Wahrscheinlichkeit dazu führen, dass das fremde Tier seinerseits mit freundlichen, höflichen Zeichen der Beschwichtigung antwortet. Das wiederum wirkt natürlich äußerst entspannend auf Ihren Hund und funktioniert auch, wenn er selbst aufgrund von Ängstlichkeit, Nervosität, schlechten Erfahrungen etc. womöglich nicht so souverän ist, dass er von sich aus die Situation aktiv unter solch friedfertige Vorzeichen stellt. Die wechselseitige Wirkung verstärkt sich natürlich zunehmen: Je öfter Ihr Tier solche positiven Erfahrungen macht, desto besser lernt es, dass von Begegnungen mit Artgenossen keine grundsätzliche Gefahr ausgeht und dass sie sich in aller Regel entspannt und friedlich bewältigen lassen.

Nehmen Sie die Beschwichtigung selbst in die Hand

Am effektivsten ist es sicherlich, wenn Ihr Hund Beschwichtigungssignale zeigt, denn schließlich handelt es sich bei den beiden um Artgenossen und ihre primären Interessen richten sich aufeinander. Allerdings ist es auch nicht unwirksam, wenn Sie selbst sich am Zeigen einiger dieser Zeichen versuchen. Sie können dies tun, wenn Sie mit Ihrem Hund spazieren gehen und sich eine komplizierte Begegnung mit einem anderen Hund abzeichnet, aber auch, wenn Sie allein unterwegs sind.

Denn schließlich kommt es immer wieder vor, dass ein fremder Hund nicht einfach anstandslos an Ihnen vorbei geht, da nicht wenige Tiere sich für fremde Menschen interessieren. Sie schnüffeln an ihnen, schleichen um ihre Beine herum, bellen vielleicht, wollen hochspringen oder gebärden sich sogar aggressiv.

Im Idealfall würde ein solches Verhalten natürlich vom jeweiligen Besitzer unterbunden, aber sicher wissen Sie sehr gut, dass längst nicht alle Halter so mit ihren Vierbeinern umgehen, wie es wünschenswert wäre. Noch drängender wird der Wunsch nach eigenen Handlungsmöglichkeiten natürlich, wenn der andere Hund frei herumläuft und der Besitzer nicht in Sicht ist. Unverantwortlich, aber leider nicht selten –

umso besser, wenn Sie sich ein paar Verhaltenstricks zurechtgelegt haben. Zunächst einmal: Versuchen Sie, möglichst frühzeitig Signale vorbeugender Beschwichtigung auszusenden. Verwenden Sie also die Zeichen, die sich bereits aus der Ferne bzw. in der Annäherung selbst zeigen lassen und deren Botschaft belangloses Desinteresse ist. Senden Sie folgende Botschaft aus: „Ach ja, ich hab dich schon wahrgenommen, interessiert mich gar nicht besonders, ich bin mit meinen eigenen Angelegenheiten beschäftigt.

Ich lasse dich in Ruhe, lass du mich einfach auch in Ruhe“. Maßnahme Nummer eins ist erneut die Wahl des Weges. Gehen Sie keinesfalls direkt auf das Tier zu, sondern schlagen Sie ebenso wie mit Ihrem Hund einen großen Bogen. Drücken Sie Ihre Abwendung zudem mit weiteren Beschwichtigungssignalen aus, indem Sie sich etwa zur Seite drehen. Setzen Sie derweil Ihren Weg möglichst ruhig und unbeeindruckt fort und achten Sie darauf, möglichst keine Nervosität oder Anspannung zu zeigen. Wenn Sie dem Tier näherkommen, vermeiden Sie auf jeden Fall die direkte Blickkonfrontation, wenden Sie vielmehr den Kopf ab.

Sollte es doch zum Blickkontakt kommen, blinzeln Sie ausführlich. Bei all diesen Signals ist es wichtig, dass Sie sie deutlich ausführen. Im Umgang mit Menschen mag die Höflichkeit ganz anderes verlangen, halten Sie sich vor Augen, dass Sie sich gerade auf hündischem Terrain bewegen. Ansonsten ist die Begegnung gar nicht so unähnlich. Eine typische Vergleichssituation wäre etwa die Fahrt in einer überfüllten Straßenbahn. Sie stehen eng mit Menschen zusammen, die Sie nicht kennen und deren Gegenwart Sie sich nicht ausgesucht haben.

Zudem unterschreiten Sie ganz deutlich den üblichen Wohlfühl- und Höflichkeitsabstand. Was tun Sie in einer solchen Situation, um es möglichst wenig unangenehm für alle Beteiligten werden zu lassen? Auf jeden Fall vermeiden Sie, jemanden anzustarren. Sie blicken diskret zu Boden oder aus dem Fenster – gerade so, dass der andere merkt, dass Sie sich um das Einhalten der Höflichkeitsstandards bemühen, aber beiläufig genug, um es nicht offensiv wirken zu lassen. Hier liegt nun der große Unterschied zur Kommunikation mit einem Hund.

Wenn Sie etwa den Kopf abwenden, tun Sie es in einer möglichst großen, wahrnehmbaren Bewegung. Die feinen Nuancen der Beiläufigkeit spielen im Hundealltag eher keine Rolle und zudem ist der Hund Kopfgröße und Gesichtszüge von Artgenossen gewohnt. Dies gilt insbesondere fürs Blinzeln, Sie können auch ganz ausdrücklich die Augen zusammenkneifen – eben alles, was möglichst deutlich sichtbar macht, dass Sie das Tier *nicht* anstarren. Was Sie grundsätzlich tun sollten, wenn sich Ihnen ein fremder Hund nähert: Ihre Bewegungen verlangsamen. Kaum ein Signal wirkt so grundsätzlich beruhigend wie die schlichte Zeitlupenvariante aller Tätigkeiten. Auch dies ist recht menschlich:

Denken Sie nur an Menschen, die sehr aufgeregt sind und dann alles hektisch tun, jede Bewegung fahrig und hastig ausführen. Die Nervosität ist dann fast greifbar und überträgt sich ein Stück weit auch auf den eigentlich ganz unbeteiligten Beobachter. Nicht wenige reagieren dann auch ganz instinktiv mit beruhigender Verlangsamung, indem sie etwa den Aufgeregten auffordern, doch einmal tief durchzuatmen und dann gaaaaaanz langsam zu machen. Miteinander vertraute Personen legen etwa die Hand auf den Arm des Hektischen und führen so eine

Verlangsamung herbei. Für Hund und Mensch gilt: Diese Reaktion ist völlig logisch. Denn je langsamer jemand agiert, desto mehr Zeit haben wir im Zweifelsfall, auf eine Bewegung, die etwas Bedrohliches oder auch nur Merkwürdiges andeutet, unsererseits zu reagieren.

Wir mögen ruhige Bewegungen, weil sie uns das Gefühl von Kontrolle vermitteln, und genau das ist der entscheidende Aspekt in der Hundebegegnung: Sie möchten auf jeden Fall vermeiden, dass der Hund das Gefühl hat, er müsse auf der Hut sein und angespannt auf jede Ihrer Muskelzuckungen reagieren. Wenn Sie dem Hund dann nahe genug sind, dass Mimik bereits eine Rolle spielt, können Sie sich auch leicht die Lippen lecken oder gähnen. Allerdings Vorsicht: Diese Bewegung sollten Sie keinesfalls so ausführen, dass sie als Zähne zeigen missverstanden werden könnte. Im Zweifelsfall bleiben Sie lieber bei „sicheren" Zeichen wie Blinzeln oder Abwenden.

Was Sie ebenfalls tun können, wenn Sie sich sicher genug fühlen: Neben dem Hund in die Hocke gehen bzw. hinsetzen. Dass es sich dabei um ein stark beruhigendes Signal handelt, ist bekannt, und zudem steht es dem Menschen mit seinem Körperbau in sehr ähnlicher Weise zur Verfügung wie dem Hund. Sie sollten allerdings begreiflicherweise darauf verzichten, wenn die Begegnungssituation unklar ist: Wenn der fremde Hund sehr nervös wirkt und Sie überhaupt nicht einschätzen können, wie er als Nächstes reagiert, ist es ein großes Sicherheitsrisiko für Sie selbst, sich in eine derartig schwache Position zu begeben. Im Notfall sind Ihre Verteidigungsmöglichkeiten schlicht stark eingeschränkt.

Was auch immer Sie tun: Achten Sie in erster Linie auf die Signale des Hundes. Sendet er seinerseits Beschwichtigungssignale aus? Wunderbar, dann müssen Sie nur darauf achten, diese adäquat zu beantworten. Sind es einige recht entspannte und milde Zeichen, die mehr vorbeugend als akut deeskalierend sind? Handeln Sie genauso und bringen Sie zum Ausdruck, dass Sie hier letztlich beide einfach nur friedlich aneinander vorbeigehen wollen. Ist das Tier zunehmend aufmerksam und auf Sie fixiert, zeigt es vermehrt Calming Signals und auch zunehmend stärkere? Dann konzentrieren Sie Ihre eigenen Bemühungen darauf, tatsächlich beruhigend zu wirken. Beenden Sie, falls möglich, die Situation und wenn sich das nicht realisieren lässt, greifen Sie tief in die Trickkiste der starken Signale. Es geht dann darum, aktiv zu beschwichtigen, seien Sie also deutlich und beherrscht in Ihrem Verhalten.

KONFLIKTE IM HÄUSLICHEN RUDEL DEESKALIEREN

Wenn Sie sich Ihr Zuhause mit mehr als einem Hund teilen, so kennen Sie Konflikte nicht nur vom Gassigehen, sondern vor allem auch aus Ihren eigenen vier Wänden. Und natürlich können auch hier Calming Signals von Ihnen eingesetzt werden, um bestimmte Situationen streitfrei zu lösen oder Auseinandersetzungen zumindest zu mindern. So gerne Sie hier für völlige Harmonie sorgen möchten, dürfen Sie jedoch nicht außer Acht lassen, was im Kapitel über Rangordnungskonflikte bereits dargelegt wurde: Hunde schaffen sich ihre eigene Rangordnung, und zwar nicht unbedingt in der Reihenfolge, die Ihnen gefällt oder sinnvoll erscheint. Und es ist wichtig, dass sie das ungestört tun können, denn ein demokratisches Rudel der Gleichberechtigung ist unnatürlich und führt bei den Tieren auf Dauer zu erheblichem Stress – inklusive sämtlichem, damit in Verbindung stehendem Problemverhalten. Bevor Sie eingreifen, sollten Sie sich also fragen, ob Sie hier wirklich notwendigerweise Konflikte entschärfen oder ob Sie ganz im Gegenteil die „Ungerechtigkeit" oder „Gewalttätigkeit" einfach geschehen lassen sollten. Sinnvoll ist es immer dann, wenn eines der Tiere in bestimmter Hinsicht nicht optimal sozialisiert ist, also beispielsweise Angst vor Artgenossen hat.

Haben Sie in Ihrem Hausrudel ein ängstliches Tier, das sich nicht gut einfügen kann, sollten Sie versuchen, diese Situation zu entschärfen. Sie können etwa folgendermaßen vorgehen: Begeben Sie sich mit den Tieren in einen Raum, der allen ausreichend Platz lässt, sodass sie nicht von Anfang an gezwungen sind, unangenehme Nähe zu erdulden. Haben Sie mehr als zwei Hunde, empfiehlt es sich, für die ersten Gewöhnungsübungen nur mit dem Angsttier und dem souveränsten Mitglied des restlichen Rudels zu arbeiten.

Lassen Sie dann das ängstliche Tier frei herumlaufen und tun, was es möchte, und halten Sie den anderen Hund bei sich, bestenfalls durch Kommandos, wenn er folgsam genug ist. Beobachten Sie den Angsthund genau und jedes Mal, wenn offensichtlich wird, dass er sein Interesse auf den Artgenossen richtet, sorgen Sie dafür, dass dieser ausführliche Beschwichtigungssignale zeigt, indem Sie ihn etwa mit dem berühmten Leckerli-Trick dazu bringen, den Kopf abzuwenden. Ebenso können Sie ihn Platz machen oder auf dem Boden herumschnüffeln lassen.

Alternativ oder auch in Kombination können Sie selbst beginnen, Calming Signals zu zeigen. Den Beobachtungen der Entdeckerin der Calming Signals zufolge wirkt besonders Gähnen bei Menschen ausnehmend gut auf Hunde, offensichtlich ist es ein Zeichen, das sie gut wahrnehmen können und das im Gegensatz etwa zu Blinzeln Blickkontakt ganz vermeidet und völlige Interesselosigkeit signalisiert.

Jedes Mal, wenn das ängstliche Tier zu Ihnen und dem zweiten Hund sieht, zeigen Sie ihm entsprechende Signale, zwingen Sie ihn aber sonst zu nichts. Möchte er nicht herkommen – in Ordnung. Vielleicht werden Sie aber nach einiger Zeit feststellen, dass er ganz von selbst zunehmend Interesse an der Nähe des anderen Tieres sucht, aber eben nach seinen Vorstellungen und in seinem Tempo. Halten Sie diese Zwanglosigkeit aufrecht, können Sie durchaus gute Erfolge erzielen. Ähnlich können Sie die Zeichen verwenden, wenn es beispielsweise bei der Vergrößerung des Rudels zu Schwierigkeiten kommt.

Der bisherige Anführer etwa ist wenig bereit, dem Neumitglied seinen Anteil an Fressen, Spielzeug oder Liegeplatz zuzugestehen. Bringen Sie in Konfliktsituationen den unterlegenen Hund dazu, möglichst viele Zeichen zu zeigen, oder setzen Sie selbst Ihrem Rudelführer gegenüber Beschwichtigungssignale ein, wenn Sie bei ihm gesteigerte Anspannung wahrnehmen. Beruhigen Sie ihn etwa, während der Neuzugang frisst oder wenn er bei Ihnen auf der Couch kuschelt.

Beim Anwenden der Zeichen im häuslichen Rudel muss man sich jedoch der Grenzen bewusst sein: Wenn der Mensch aktiv eingreift ins Zeichenzeigen – sei es, indem er selbst die Signale ausführt oder indem er seinen Hund dazu bringt –, kann er das nur in begrenztem Umfang und vor allem mit begrenzter Zielsetzung tun, das heißt, Sie können damit akute Situationen entschärfen und einmalige oder zumindest vorübergehende Konflikte befrieden. Darum eignen sie sich ganz besonders gut für Zusammentreffen mit fremden Tieren, im häuslichen Rudel geht es jedoch um dauerhafte Zustände – und die müssen letztlich von allen beteiligen Tieren auch in dauerhaft akzeptabler Art und Weise geklärt werden. Wenn Sie also jedes Mal beruhigend gähnen müssen, damit Ihr Anführer die Untergebenen fressen lässt, haben Sie ein weitaus größeres Problem, das sich allein mit Calming Signals nicht lösen lässt. Diese können dann höchstens verwendet werden, um grundsätzliche Erziehungsmaßnahmen erleichternd zu begleiten, wie in einem späteren Kapitel noch dargelegt wird.

AUTOFAHREN, TIERARZT, GARTENZAUN: KONFLIKTE IM ALLTAG VERMEIDEN

Wobei die Zeichen allerdings sehr wohl eine große Hilfe sein können, ist beim Lösen von Konfliktsituationen im Alltag, und zwar nicht bei Konflikten zwischen zwei Tieren oder Tier und Mensch, sondern gewissermaßen bei innerhundlichen Konflikten: Nämlich immer dann, wenn der Hund mit einer Situation konfrontiert wird, die ihm offensichtlich nicht behagt. Das können Fahrten mit dem Auto sein, Tierarztbesuche, Menschen, die am Zaun vorbeigehen, Verabreichen von Medikamenten, Straße überqueren etc. Die meisten Hundebesitzer kennen die eine oder andere Gelegenheit, bei der ihr Liebling nicht das entspannte und gehorsame Verhalten zeigt, das sie sich wünschen würden – mit negativen Folgen für Hund und Mensch gleichermaßen:

Der Hund ist gestresst, der Mensch ist genervt und die Eskalationsspirale beginnt, zu rotieren. Bei nicht wenigen Problemen können die Beschwichtigungssignale hier Abhilfe schaffen, und zwar, indem der Mensch sie zeigt. Und das ist nicht einmal kompliziert. Identifizieren Sie zunächst einmal die Situationen, in denen Ihr Liebling offensichtlich irgendetwas für ihn Störendes wahrnimmt, also beispielsweise beim Autofahren oder bei Zaunpassanten. Dann wird es etwas anspruchsvoller: Versuchen Sie nun, durch genaue Beobachtungen oder ein wenig Herumprobieren herauszufinden, was genau in Ihrem Tier Missfallen auslöst.

Beim Autofahrbeispiel: Zeigt er sich besonders gereizt, wenn Sie den Transportkorb schließen? Oder ist er vor allem gestresst, wenn Sie beschleunigen? Macht Bremsen ihm Angst oder sind es rasche Richtungsänderungen? Beunruhigt es ihn, wenn er nicht hinaussehen kann? Eventuell stoßen Sie hier bereits auf eine Lösung für das Problem und brauchen gar keine Zeichen mehr – sondern nur einen umgedrehten Transportkorb –, falls der eigentliche Auslöser aber unvermeidbar ist, wissen Sie genau, wo Sie ansetzen müssen.

Kurven fahren und Bremsen wird sich schließlich nicht vermeiden lassen, aber Sie können in genau dem Moment intervenieren. Sorgen Sie dafür, dass Sie sich in guter Sichtposition zu Ihrem Tier befinden – eventuell bitten Sie einen Bekannten, zu fahren – und achten Sie dann genau auf den Fahrtverlauf. Wenn Sie sehen, dass der Fahrer gleich abbremsen müssen wird, zeigen Sie Ihrem Hund deutlich Signale, am besten etwa Gähnen, Blinzeln oder Lippenlecken. Diese Signale sind eher Beruhigungs- als Deeskalationssignale und damit genau richtig, denn sie beruhigen Ihren Hund aktiv.

Probieren Sie ein wenig herum, bis Sie wissen, auf welche Zeichen er am besten anspricht, das ist schließlich von Hund zu Hund unterschiedlich. Ein guter Anhaltspunkt sind Signale, die er selbst häufig verwendet, mit denen ist er offensichtlich vertraut. Jedes Mal, wenn es nun in eine Kurve geht, gähnen Sie demonstrativ und Ihr Hund wird die Botschaft empfangen, dass es sich um eine völlig unbedenkliche Sache handelt. Zudem – und dieser Effekt spielt bei all den Beschwichtigungsübungen eine große Rolle – steigern Sie damit ganz erheblich das Vertrauen Ihres Hundes in Sie. Er nimmt wahr, dass Sie in dieser für ihn so bedrohlichen Situation an seiner Seite sind und dass Sie positiv auf ihn einwirken möchten.

Das schafft Vertrauen und er wird sich ganz grundsätzlich noch besser bei Ihnen aufgehoben fühlen, was in jeder zukünftigen Stresssituation von Vorteil ist. Kombinieren Sie gerne mehrere dieser Verhaltensweisen, gähnen Sie also etwa demonstrativ und wenden Sie betont unbeeindruckt den Blick ab und sagen Sie damit, „Ach, eine Kurve, das beeindruckt mich ja gar nicht, nehme ich nicht mal wirklich wahr“. Bieten Sie Ihrem Tier damit die Möglichkeit, ebenso gleichgültig auf die Angelegenheit zu blicken.

Ganz ähnlich verfahren Sie mit einem Tier, das am Gartenzaun jedes Mal schier ausrastet, wenn jemand vorbeiläuft. Finden Sie zunächst heraus, was es daran am meisten stresst: Wenn derjenige direkt auf es zuläuft oder gar mit ihm spricht? Macht es einen Unterschied, ob die Passanten Frauen oder Männer sind? Einzelne oder Gruppen? Gehen Sie dann erneut gezielt das Problem an. Besonders effektiv arbeiten können Sie, wenn Sie jemanden um Mithilfe bitten, der dann genau das problematische Verhalten zeigt, also etwa schnurstracks auf Ihren

Vierbeiner zuläuft (allerdings keine bekannte Bezugsperson wählen, das dürfte das Ergebnis deutlich verfälschen). Positionieren Sie sich dann wieder im Sichtfeld Ihres Hundes und sobald Sie seine Anspannung bemerken, zeigen Sie starke Beruhigungssignale. Gähnen Sie, was das Zeug hält, blicken Sie absichtlich nicht zu der sich nähernden Person, schmatzen Sie vielleicht ein wenig mit den Lippen, stochern Sie uninteressiert im Gras herum – zeigen Sie also auf möglichst deutliche Art, wie wenig der Vorfall Sie interessiert. Ihr Hund wird Ihre Signale wahrnehmen und sie ganz unmittelbar als Beruhigung verstehen. Vielmehr noch: Womöglich antwortet er Ihnen mit entsprechenden Zeichen, womit er sich zusätzlich selbst beruhigt. Außerdem sieht er, dass Sie die Situation als völlig unbedenklich einstufen und je enger und vertrauensvoller Ihre Beziehung ist, desto größer ist auch die Wahrscheinlichkeit, dass er geneigt ist, Ihre Einschätzung zu übernehmen – schließlich haben Sie sich bereits mehrfach als vertrauenswürdig erwiesen.

Wie Sie sich denken können, gibt es für diese Einsatzweise der Calming Signals kaum Grenzen und das Schöne daran ist, dass sie in jedem noch so spezifisch gelagerten Fall funktionieren. Ihr Hund dreht durch, wenn er Fisch riecht? Hat panische Angst vor Fliegen? Erschrickt fürchterlich beim Anblick eines Hamsters oder beim Klang eines Klaviers? Das Prinzip der Beruhigung ist immer das Gleiche. Die Grundlagen bestehen darin, genau zu identifizieren, wo das Problem liegt, und herauszufinden, auf welche Signale Ihr Tier am besten anspricht. Sie müssen selbst ruhig und gelassen bleiben und geduldig die Verhaltensweisen immer wieder aufs Neue wiederholen. Denn abhängig von der Art des Schreckauslösers, dem Charakter Ihres Hundes und dem Traumatisierungsgrad kann es unterschiedlich viel Geduld erfordern, bis Resultate erkennbar sind. Verlieren Sie hier nicht den Mut und bleiben Sie entspannt – damit helfen Sie Ihrem Vierbeiner am meisten.

Sie können auf diese Art übrigens auch vorgehen, wenn die Probleme Ihres Hundes generelle Ängstlichkeit, Schreckhaftigkeit und Nervosität sind. Dann beschränkt sich die Zeichenanwendung eben nicht auf eine klar umrissene Situation, sondern Sie greifen immer dann dazu, wenn ängstliches Verhalten sichtbar wird. Ähnlich einem scheuen Kind, dem man immerfort beruhigend zuredet und es an der Hand nimmt und in möglichst vielen Situationen beschützend begleitet, können Sie auf diese Weise das Grundvertrauen Ihres Hundes stärken. Dann spielt die vertrauensvolle Beziehung zu Ihnen eine noch größere Rolle und gerade diese festigen Sie ja ganz hervorragend, indem Sie möglichst viel beschwichtigen und beruhigen. So ermöglichen Sie Ihrem Hund, zunächst zu lernen, an Ihrer Seite vertrauensvoll und neugierig durchs Leben zu gehen, um schließlich ein souveränes Tier zu werden, das in sich ruhend seinen eigenen Weg gehen kann.

CALMING SIGNALS IN DER ERZIEHUNG NUTZEN

Ganz zum Schluss soll nun noch der vielleicht effizienteste Einsatzbereich der Signale thematisiert werden: die Hundeerziehung. Zwar sind Beschwichtigungssignale an sich keine Erziehungsmethode und damit allein können Sie einem Tier nichts beibringen, sie haben aber Einfluss auf die meist größten Erziehungshindernisse und können dort einhaken, wo viele Besitzer sich oft ratlos fragen, „Wieso kommen wir da jetzt nicht weiter?". Und auch, wenn keine wirklichen Hemmschwellen vorliegen, können Sie die Hundeerziehung damit deutlich stressfreier, konfliktfreier, angstfreier und somit effizienter machen.

Die meisten Erfolge erzielen Sie hier in der passiven Anwendung: Sie empfangen die Signale, Ihr Hund gibt sie, und zwar gibt er sie Ihnen immer dann, wenn er sich in der Situation nicht ganz wohlfühlt. Dafür gibt es eine immense Fülle an Beispielen und viele davon haben Sie so oder so ähnlich vielleicht selbst bereits erlebt. Der Hund bekommt das Kommando, sich hinzusetzen, befolgt es aber nicht. Stattdessen kratzt er sich hinter dem Ohr oder leckt sich über die Schnauze. Sie befehlen Ihrem Tier, zu Ihnen zu laufen, es schnüffelt am Boden herum, macht einige zögerliche Schritte auf Sie zu und legt sich dann hin.

Sie besuchen eine Trainingsstunde in der Hundeschule und Ihr Vierbeiner macht recht gute Arbeit, scheint Fortschritte zu machen und auf einmal spielt er nicht mehr mit, lässt sich ablenken und schnüffelt herum, legt sich hin, benimmt sich auf einmal wieder wie ein Welpe und Sie fragen sich, was nun auf einmal in das Tier gefahren ist.

Es scheint zurückzufallen in eine Zeit der Albernheit und des Ungehorsams und irgendwann verlieren Sie – und auch das ist schließlich zunächst nicht ganz unverständlich – die Geduld. Sie gewöhnen den Hund an Kinder und er erweist sich als verträgliches, sanftes Tier und auf einmal springt er auf und läuft knurrend aus dem Zimmer.

Keine ungewöhnlichen Vorfälle – und sehr oft liegt ihnen ein ähnlicher Auslöser zugrunde: irgendeine Form von Stress. Das teilt der Hund Ihnen durchaus mit, Sie müssen nur zuhören. Sehen wir uns die

Beispiele einmal genauer an: Der Hund setzt sich trotz entsprechenden Befehls nicht hin, leckt sich stattdessen oder gähnt – ein recht deutliches Zeichen dafür, dass es überfordert ist. Er weiß schlicht nicht, was Sie in diesem Augenblick von ihm verlangen. Vielleicht ist das Kommando noch recht neu und er hat es nicht ausreichend verinnerlicht, vielleicht wurden ihm zu viele Kommandos in zu kurzer Zeit beigebracht und nun kann er sie nicht mehr zuverlässig auseinanderhalten, vielleicht waren Sie nicht klar genug in Ihrer Aussprache oder Sie haben bislang immer eine bestimmte Sprachmelodie verwendet und sie nun unbemerkt abgeändert.

Es kann verschiedene Gründe haben, das Ergebnis ist stets dasselbe: Ihr Hund ist nicht in der Lage, so gerne er möchte, Ihnen Folge zu leisten. Das zu erkennen und gegenzusteuern, ist nun entscheidend für den Trainingsfortschritt. Die Geduld zu verlieren, lauter und wiederholt zu rufen, hilft ebenso wenig und auch, wenn Sie entnervt abbrechen und nächstes Mal weitermachen wollen, hat sich das Problem in der Zwischenzeit vermutlich nicht gelöst.

Ihr Hund gibt Ihnen durch sein Verhalten die Möglichkeit, die Situation zu prüfen und festzustellen, was daran zu korrigieren ist. Das einzelne Kommando muss noch einmal gründlicher vermittelt werden? Sie müssen lauter oder deutlicher sprechen? Kein Problem – und somit lässt sich auch das vermeintliche Gehorsamsproblem in Wohlgefallen auflösen. Zweite Situation: Der Hund kommt trotz Aufforderung nicht.

Dieser Fall wurde bereits als Beispiel herangezogen und wir nehmen nun an, der Hund kommt nicht, weil ihm etwas anderes wichtiger erscheint, nämlich, Sie zu beruhigen. Ob Sie nun lauter oder aggressiver gesprochen, eine angespanntere Körperhaltung eingenommen oder etwas andere getan haben, was dem Hund Ihre Gereiztheit gezeigt hat, ist nebensächlich, wichtig ist: Er hat sie wahrgenommen. Und als sozialbefähigtes Tier reagiert er darauf. Selbst, wenn es sich letztlich um eine Überreaktion handelt, weil Sie nicht so genervt oder gestresst sind, dass es deswegen nötig wäre, die Übungseinheit abzubrechen, wird hierdurch eine Grenze gesetzt. Weitere Erziehungsarbeit ist so und an dieser Stelle nicht möglich, denn Ihr Tier konzentriert sich nicht auf die Lerninhalte, sondern auf Ihre Befindlichkeit.

Wollen Sie produktiv arbeiten, müssen Sie die Gesamtsituation so verändern, dass Lernen wieder möglich ist, ansonsten laufen sämtliche weitere Bemühungen ins Leere, mehr noch: Sie riskieren sogar, Schaden anzurichten, etwa, wenn Sie in eine Spirale der Gereiztheit hineingeraten und sich schließlich zu einem Verhalten hinreißen lassen, das Sie eigentlich nicht zeigen wollen, etwa schreien oder gar schlagen. Halten Sie stattdessen an diesem Punkt inne und passen Sie Ihr Verhalten an, zeigen Sie dadurch Ihrem Hund, dass Sie ihn wahrnehmen, verstehen und seine Bedürfnisse berücksichtigen. Umso ungestörter und williger wird er künftigen Lektionen folgen, da er weiß, Sie meinen es gut mit ihm und gehen sorgsam mit ihm um. Prüfen Sie also Ihrem Hund zuliebe sorgfältig Ihr eigenes Verhalten und stellen Sie fest, was er daran als Anspannung aufgefasst hat. Möglicherweise ist es auch das Sinnvollste, die Übung abzubrechen, nämlich dann, wenn Sie tatsächlich genervter sind, als es Ihnen beiden guttut.

Ähnliche Folgen können sich aus der schieren Überforderung ergeben, die wir in den letzten beiden Beispielen als Grund ansehen wollen. Der Hund tobt albern herum, kratzt sich ausgiebig oder hebt womöglich die Pfote und schaut sie bittend an – vielleicht hat er einfach genug. Das Training war anstrengend und fordernd, er hat gut und konzentriert mitgearbeitet, aber jetzt ist seine Energie erschöpft. Nicht immer können Sie als Mensch die tatsächliche Belastung bestimmter Übungen oder auch nur Beschäftigungen für Ihr Tier korrekt einschätzen und der Erholungs- und Ruhebedarf von Hunden ist größer, als oftmals angenommen wird.

Reizüberflutung und Überforderung – selbst durch Unternehmungen und Tätigkeiten, die dem Tier Spaß machen – haben in Studien höhere Stresslevel erzeugt als Unterbeschäftigung. Wenn Ihr Hund Ihnen also sagt, dass es nun genug war, tun Sie gut daran, auf ihn zu hören – allein schon dem künftigen Trainingserfolg zuliebe. Ähnliches gilt, wenn er sich durch Abwenden oder sogar Weggehen etwa der Gesellschaft des spielenden Kindes entzieht. Damit sagt er möglicherweise, „Es wird mir langsam zu viel, zu wild, zu aufregend, zu belästigend, ich brauche nun meine Ruhe". Dies ist in doppelter Hinsicht ein wertvoller Hinweis. Erstens gibt er Ihnen frühzeitig seine Bedürfnisse zu verstehen und vermeidet damit ein Eskalieren (siehe Konflikteskalationsstufen), zweitens zeigt er Ihnen auch das für ihn erträgliche Maß. Gerade, wenn Sie den Hund im Training an bestimmte Dinge gewöhnen möchten, sollten Sie ihn dabei nie überfordern. Denn wenn Sie ihn zu mehr zwingen, als er gut verkraften kann, verliert er das Vertrauen. Er kann sich nicht mehr blind darauf verlassen, dass Sie ihm nie mehr zumuten, als er verträgt, und ist somit nicht gut damit beraten, sich Ihnen einfach anzuvertrauen. Damit zerstören Sie eine kostbare, stabile Basis für sämtliches künftiges Training.

Gerade im Training lohnt es sich also absolut, mit großer Sorgfalt auf die Beschwichtigungssignale des Hundes zu achten. Vieles wird damit deutlich einfacher, einige Schwierigkeiten können vermieden werden und die ganze Hund-Mensch-Beziehung gestaltet sich harmonischer. Noch besser: Versuchen Sie immer wieder, Ihrem Hund auch in Hundesprache zu antworten, also indem Sie selbst Calming Signals einbauen. Ihre Verbindung wird sich dadurch nur noch mehr intensivieren.

BONUS: Der Wesenstest

Eines vorweg: Mit dem eigentlichen „Wesenstest“ hat dieser Test natürlich nichts zu tun. Dabei handelt es sich schließlich um eine rechtlich festgelegte Maßnahme, mit dem potenziell bedrohliche Hunde auf ihre Gefährlichkeit hin getestet werden sollen, die vorliegende Ankreuzübung hat keinen solch ernsten Hintergrund. Es ist auch nichts daran tiermedizinisch oder wissenschaftlich festgelegt, vielmehr soll dieser Einordnungstest Ihnen dabei helfen, Ihr Tier noch ein bisschen besser einschätzen zu können.

Denn so, wie es die unterschiedlichsten Menschentypen gibt, gibt es auch bei den Hunden ganz verschiedene Charaktere. Letztlich ist natürlich jeder einzigartig, aber auch hier ist es wieder wie beim Menschen: Keiner ist dem anderen gleich und jeder besitzt eine einzigartige Persönlichkeit. Und trotzdem passen die allermeisten Menschen in eine bestimmte Kategorie.

Jeder kennt den Anführertypen, der immer ganz vorne mit dabei ist, die Führung in die Hand nimmt, gerne und viel spricht und eine laute, lebhafte Erscheinung ist. Genauso kennt jeder den zurückhaltenderen Bedenkenträger, der alles durchdenkt, sich nicht gerne in den Vordergrund spielt und sich einem Anführertypen lieber in dessen Windschatten anschließt. Und dann gibt es noch den Fürsorglichen, Ausgleichenden, der immer ein wachsames Auge darauf hat, dass sich alle wohlfühlen, der seine eigenen Interessen eher in den Hintergrund stellt und sehr auf Harmonie bedacht ist.

Die Liste ließe sich noch weiterführen, festzuhalten bleibt: Bei Hunden ist es ähnlich und für den Besitzer ist es von großem Vorteil, wenn er eine grundlegende Einordnung zutreffend vornehmen kann, denn das hilft im Umkehrschluss, noch besser auf die spezifischen Bedürfnisse des Tieres eingehen zu können und bestimmte Situationen präziser einzuschätzen. Wenn ein fremder Hund laut bellend auf Ihren Vierbeiner zuläuft, macht es für Ihre Reaktion sicher einen großen Unterschied, ob Ihr Liebling ein schüchternes Sensibelchen ist oder ein neugieriger Draufgänger.

Bis heute streiten sich Experten darum, wie groß der Anteil von Erbgut und Erziehung am Wesen des Tieres ist und in welchem Ausmaß die Rassenzugehörigkeit den Charakter vorherbestimmt, festhalten lässt sich aber in jedem Falle: Die Persönlichkeit eines Hundes wird aus dem Zusammenspiel einer Vielzahl von Faktoren bestimmt. Dazu gehören die Rasse, die genetischen Anlagen der Elterntiere, die Erziehung, Erfahrungen im Welpen- und Junghundalter, Umfeld und Artgenossen, Lebensweise und gesundheitliche Voraussetzungen.

Die große Zahl der Einflussfaktoren macht bereits deutlich, dass es kaum möglich ist, über den späteren Charakter eines Welpen vernünftige Vorhersagen zu treffen, den ausgewachsenen Hund beurteilen und einschätzen kann man jedoch deutlich besser. Dazu existieren bereits einige Verfahren, die etwa feststellen, ob ein Tier zum Hirtenhund, zum Wachhund oder zum Diensthund geeignet ist, oder solche, die einschätzen sollen, welche Position innerhalb eines Rudels vermutlich die natürliche wäre. Für den interessierten Halter, der einfach nur ein besseres Verhältnis zu seinem Liebling haben möchte, sind diese Verfahren allerdings kaum interessant.

Der folgende kleine Persönlichkeitstest bietet nun sechs verschiedene Charaktertypen an, die in dieser Merkmalkombination immer wieder auftauchen. Selbstverständlich erhebt diese Liste keinen Anspruch auf Vollständigkeit und vermutlich kein Hund wird zu 100 % in ein Schema passen – einen ersten Anhaltspunkt bieten die Kategorien aber doch. Ganz wichtig ist: Es gibt kein „gut“ und „schlecht“ bei der Charaktereinordnung. So, wie Sie Ihr Kind lieben, ob es nun gerne Ballett tanzt und bei Fremden schüchtern zu Boden blickt oder lieber Basketball spielt und überschwänglich durch die Welt eilt, ist auch Ihr Hund gerade so richtig, wie er ist.

Allerdings braucht jeder Typus in bestimmter Hinsicht mehr Unterstützung oder Aufmerksamkeit – ebenso wie ein Kind, das entweder Ihrer schützenden Unterstützung bedarf oder ab und an ein wenig Beruhigung und Grenzsetzung vertragen kann. Schauen Sie also offen und freundlich auf Ihren Hund und verstellen Sie sich nicht mit persönlichen Vorlieben den Blick.

Wenn jemand das Bedürfnis hat, einen mächtigen, starken Anführerhund zu besitzen, sagt dies oft mehr über den Menschen aus als über den Hund – also blicken Sie ganz unvoreingenommen auf Ihren Vierbeiner. Sehen wir uns die sechs Typen einmal genauer an.

Da ist zunächst der Typus „überlegen-dominant". Mit Dominanz ist hier keinesfalls das gemeint, was viele Hundebesitzer fürchten, nämlich ein Tier, das ihnen auf der Nase herumtanzt, sondern tatsächlich ein Hund mit Führungsqualitäten. Innerhalb eines Rudels oder einer Hundegruppe nimmt er mit ruhiger Selbstverständlichkeit die Anführerrolle ein und beansprucht diese auf souveräne Art, zudem übernimmt er Verantwortung und setzt klar seinen Willen durch. Laute Machtdemonstrationen hat er nicht nötig, seine Überlegenheit und Besonnenheit machen den anderen Hunden ihre Position deutlich. Er behält stets den Überblick, reagiert auf neue Situationen gelassen und beherrscht und lässt sich nicht leicht aus der Ruhe bringen. Das heißt jedoch nicht, dass es keine einzelnen Dinge oder Situationen gibt, die ihn nicht auch ängstigen oder aus der Fassung bringen können. Er ist meist sehr aufmerksam seiner Umgebung gegenüber und lässt sich nicht leicht ablenken.

Ihm gegenüber steht der „extrovertiert-aktive" Hund. Oftmals wird er irrtümlich für den Anführer gehalten, da er sehr lebhaft ist und viel im Vordergrund steht, tatsächlich fügt er sich in der Regel aber willig und verständig einem Anführer und dessen Qualitäten. Ein solcher Hund tobt viel und fröhlich herum, ist Artgenossen und auch Menschen gegenüber sehr aufgeschlossen und grundsätzlich bereit, im anderen zunächst einen potenziellen Spielkameraden zu sehen.

Andere Hunde ermuntert er zum Spiel und er ist oft eine Art fröhlicher Clown auf der Hundewiese. Er hat viel Energie und braucht ausreichend Möglichkeiten, diese loszuwerden, dann jedoch auch Ruhepausen sowie klare Regeln und Grenzen. Gegenüber Unbekanntem ist er grundsätzlich zunächst neugierig und interessiert, was auch einmal einen Nasenstüber der Nachbarskatze oder ähnliche Überraschungen mit sich bringen kann.

Ähnlich neugierig auf die Welt ist der „Überlegt-Interessierte", allerdings zeigt er eine gänzlich andere Herangehensweise. Sein Verhalten ist recht ruhig und besonnen, seine Neugierde befriedigt er überlegt und strategisch. Die Vorgänge etwa im Nachbarsgarten interessieren ihn, aber er würde sich nie einfach hineinstürzen, sondern schaut sich die Sache erst einmal an, mit großem Interesse und Besonnenheit. Er verfügt über eine gute Beobachtungsgabe für seine Umwelt und auch das ihn umgebende Sozialgefüge und er erkennt zutreffend seine Position darin. Neues lockt ihn und er ist prinzipiell nicht ängstlich, was aber aufgrund seiner vorsichtigen Herangehensweise manchmal missverstanden wird. Mit einem solchen Hund sind in der Regel keine bösen Überraschungen oder unvorhergesehene Schwierigkeiten zu erwarten, es sei denn, er wird durch externe Faktoren dazu gedrängt. Seinen Besitzer erfreut er mit Folgsamkeit und Führbarkeit, zudem begleitet er ihn gerne bei allen möglichen Gelegenheiten.

Der „defensiv-harmonisierende" Hund hat nun eine ganz andere Schwerpunktsetzung: Ihm geht es erst einmal nicht um die große weite Welt, sondern vielmehr um das, was in seinem direkten Umfeld vor sich geht. Er beobachtet äußerst aufmerksam und genau und besitzt ein sehr feines Gespür für seine Mitwesen, seien es nun Menschen oder Hunde. Frieden und Harmonie sind ihm wichtig, Konflikte, aggressives Verhalten oder auch nur Sprechen sind ihm ein Graus und er fühlt sich unwohl, wenn in seiner Menschenfamilie Zwist herrscht. Das Gleiche gilt natürlich für ein mögliches Hunderudel, auch hier wird er darauf bedacht sein, Frieden zu erhalten oder zu erzeugen. Kaum verwunderlich: Dieser Hund wirft mit Calming Signals nur so um sich.

Im Zusammentreffen mit anderen Hunden geht er defensiv vor und legt weniger Wert auf wildes Spiel oder Rangordnungskonflikte. Sein ganzes Verhalten richtet sich darauf aus, Begegnungen unter friedliche Vorzeichen zu stellen, und er leidet, wenn dies nicht gelingt. An Menschen und Hunden ist er durchaus interessiert und er schätzt Nähe und Zuneigung, beides versucht er, mit sanften Mitteln zu erwirken.

Nicht immer ganz leicht von ihm abzugrenzen ist der „empfindsam-beobachtende“ Hund. Auch er ist äußerst sensibel gegenüber stressenden Wahrnehmungen und reagiert stark auf Konflikte, allerdings richtet sich seine Empfindsamkeit auch auf andere Störquellen. Er reagiert vielleicht sensibel auf Lärm oder hektische Bewegungen, auf Ortswechsel oder Abweichungen von der Alltagsroutine und benötigt ein besonders sicheres, stabiles Umfeld.

Auch dieser Hund verwendet gerne Calming Signals, allerdings im Vergleich zum defensiv-harmonisierenden Hund nicht in erster Linie zur Schlichtung und Beschwichtigung. Er setzt sie verstärkt ein, um sich selbst zu beruhigen, und wählt deshalb auch oft mildere und damit unauffälligere Signale, weswegen Besitzer hier besonders aufmerksam sein sollten. Seine Umwelt beobachtet er sorgfältig und er bevorzugt auch nach gründlicher Einschätzung einer Situation oftmals den Beobachtungsposten. Er fühlt sich oft wohl dabei, ein wenig abseits zu stehen und sich nicht hineinzumischen ins Getümmel, die Beobachtung interessiert ihn aber und stellt ihn auch zufrieden. Hin und wieder läuft man dadurch Gefahr, ihn tatsächlich mit einem Anführertypen zu verwechseln, der ebenfalls oft einfach ruhig beobachtet.

Für den Besitzer eine besondere Herausforderung sind schließlich oftmals Hunde der letzten Kategorie, nämlich die „introvertiert-zurückhaltenden" Hunde. Sie sind scheu und zurückhaltend und zeigen in vielen Situationen tatsächlich ängstliches Verhalten. Gegenüber Menschen und Artgenossen verhalten sie sich zunächst sehr reserviert und sie zögern bei der Kontaktaufnahme. Wildes und lautes Verhalten schreckt sie zurück und sie sind froh, wenn sie sich abseits von Getümmel und Aufregung aufhalten können. Allerdings haben sie ebenfalls ein sehr feines Gespür – auch für die Befindlichkeit von Menschen – und sie sind für Sicherheit, Zuneigung und Stabilität äußerst dankbar. Wer einem solchen Hund zuverlässig und gleichmäßig Schutz, Rückversicherung und Liebe bietet, der wird nicht selten mit einem außergewöhnlich anhänglichen und hingebungsvollen Tier belohnt. Zu einem solchen Hund sind sehr intensive Beziehungen möglich, wenn es denn gelingt, seine Bedürfnisse zu erkennen und auch zu befriedigen.

Nach diesen Erläuterungen haben Sie vielleicht schon ganz unwillkürlich eine erste vage Einschätzung Ihres Vierbeiners vorgenommen. Einzelne Beschreibungen kamen Ihnen sofort bekannt vor und schließlich haben Sie sich auch zuvor schon Gedanken über das Wesen Ihres Tieres gemacht.

Allerdings können wir uns manchmal ganz schön täuschen in unseren Lieblingen. Gerade ambivalente Verhaltensweisen, wie „abseits stehend und beobachten", verleiten nicht selten zu Fehlschlüssen und wenn wir sie dann kombinieren, etwa mit, „Der zeigt uns daheim ganz deutlich, was er will", wird aus einem defensiv-harmonisierenden Tier ganz schnell ein vermeintlicher Anführer. Solche Fehleinschätzungen können dann unangemessenes Verhalten zur Folge haben, das nicht selten den Hund irritiert, denn letztlich reden Mensch und Tier dann aneinander vorbei. Um das zu vermeiden, hilft Ihnen nun ein Ankreuztest dabei, Ihr Tier besser einordnen zu können.

Beantworten Sie die einzelnen Fragen unvoreingenommen und wahrheitsgemäß und kreuzen Sie die jeweils zutreffendste Antwort an. Wenn Sie sich nicht ganz sicher sind und zwischen zwei Möglichkeiten schwanken, können Sie auch beide markieren, vielleicht stellt sich heraus, dass Ihr Hund eben eine Mischform ist. Denn wie bereits erwähnt, sind diese Typisierungen keineswegs in Stein gemeißelt und es ist alles an Abstufungen und auch Abweichungen denkbar.

1. Sie fahren mit dem Auto in den Urlaub, und zwar auf einen – natürlich hundefreundlichen – Campingplatz, auf dem Sie zuvor noch nie gewesen sind. Als Sie nach ein paar Stunden Fahrt ankommen und den Kofferraum mit der Transportbox öffnen, …

- streckt Ihr Hund die Nase ins Freie, schaut sich aufmerksam um, schnüffelt und springt dann aus dem Auto. **C**
- wartet Ihr Hund bereits ungeduldig, springt aus dem Auto und erkundet schnüffelnd und herumtobend das nähere Umfeld. **B**

- bleibt Ihr Hund erst einmal in seiner Box, schaut sich aufmerksam um, prüft, ob Sie auch in der Nähe bleiben, und wartet dann auf weitere Anweisungen. **E**
- nimmt Ihr Hund zunächst Kontakt zu Ihnen auf, leckt Ihnen etwa die Hände oder drückt sich an Sie, dann wartet er ab, was Sie als Nächstes tun und schließt sich an. **D**
- sitzt Ihr Hund in der Ecke seiner Box, schaut zunächst nur Sie an und braucht etwas liebevolles Zureden, bis er sich überreden lässt, herauszukommen. **F**
- schaut Ihr Hund sich kurz um, verlässt dann das Auto, streckt sich gründlich und prüft dann die unmittelbare Umgebung. **A**

2. Nun sind Sie bereits ein paar Stunden an Ihrem Urlaubsort, das Zelt steht und Sie haben Ihre Umgebung bereits ein wenig erkundet. Der Hund ist gefüttert und getränkt, war spazieren und hat seine Notdurft verrichtet. Sie haben es sich mit einem Buch im Liegestuhl gemütlich gemacht und Ihr Hund…
- hat bereits Bekanntschaft mit den anderen Hunden gemacht, ausgekundschaftet, wer in den umliegenden Zelten wohnt und liegt nun in Ihrer Nähe gemütlich im Schatten und beobachtet das Treiben. **A**
- hat sich direkt neben Ihnen ausgestreckt, erbittet immer wieder einmal eine kleine Streicheleinheit und wenn Sie aufstehen, um sich etwas zum Trinken zu holen, verfolgt er aufmerksam Ihre Bewegungen. **D**
- sitzt möglichst nahe beim Zelt, beobachtet genau, wer vorbeikommt und starrt in Richtung der spielenden Nachbarshunde. **F**

- tobt mit anderen Hunden herum, rast zwischendurch kurz zu Ihnen und legt sich hin und wieder zu einer kurzen Erholungspause irgendwo in den Schatten. **B**

- liegt zwischen Ihnen und dem Zelt, beobachtet die anderen Hunde, hält aber Abstand und versichert sich zwischendurch mit kurzen Berührungen Ihrer Zuneigung. **E**

- hat systematisch das Umfeld abgeschnüffelt und erkundet, die Bekanntschaft des einen oder anderen Vierbeiners gemacht und wechselt nun zwischen Beobachtung und Spieleinheiten. **C**

3. Abends sitzen Sie gemeinsam vor dem Zelt und essen. Ihr Hund liegt unweit des Tisches, Sie unterhalten sich, lachen und auf einmal taucht ein fremder Hund an Ihrem Tisch auf. Ihr eigenes Tier…

- springt sofort auf, bellt vielleicht kurz und nähert sich dem Besucher. **B**

- spitzt die Ohren, stützt sich auf die Vorderpfoten und beobachtet jede Bewegung seines Artgenossen genau. **C**

- zieht sich sofort hinter Ihren Stuhl zurück und macht sich klein. **F**

- richtet sich auf und verharrt in gespannter Haltung, blinzelt ein wenig, beobachtet den Besucher aufmerksam und achtet darauf, ihm nicht in die Augen zu starren. **E**

- prüft als erstes Ihre Reaktion und stellt sich Ihnen zur Seite. Dann gähnt er oder leckt sich das Maul. **D**

- richtet sich auf, bleibt ruhig stehen und behält den Artgenossen besonnen im Auge. Solange dieser ruhig bleibt, reagiert er nicht weiter, wird er zudringlicher, lässt er ein leises Knurren ertönen. **A**

4. Sie sind beim Spaziergang auf der Hundewiese gelandet. Einige andere Tiere mit ganz unterschiedlichem Temperament sind ebenfalls zugegen und Sie lassen Ihren Hund frei laufen. Nach einiger Zeit…

- steht er etwas abseits, beobachtet die Situation, beteiligt sich jedoch kaum an den wilden Spielen. Wird allerdings ein Tier ihm gegenüber übermütig, weist er es rasch und effizient in seine Schranken. **A**
- steht er nach wie vor direkt bei Ihnen, hat den Schwanz ein wenig eingekniffen und beobachtet mit angespanntem Körper seine Artgenossen. Kommen Sie ihm zu nahe oder wollen ihn zum Mitmachen auffordern, duckt er sich, blinzelt und zieht sich hinter Sie zurück. **F**
- ist Ihr Hund längst mittendrin in der Meute und tobt fröhlich bellend herum. Zögernde Artgenossen versucht er, ein ums andere Mal zum Mitmachen zu bewegen, und ab und an erhält er von einem anderen Tier einen Dämpfer, wenn er sich gar zu wild gebärdet. **B**
- hat Ihr Hund sich seine Artgenossen genau angesehen, vorsichtig erste Kontakte geknüpft und genießt nun mit ein, zwei anderen Hunden das Spiel. Wenn es ihm einmal zu wild wird, senkt er den Oberkörper ab oder setzt sich zwischendurch hin. **C**
- pflegt Ihr Hund die friedliche Interaktion mit einem Artgenossen, beschnüffelt ihn ausführlich und kommt zwischendurch immer einmal wieder zu Ihnen zurück. **D**
- wechselt Ihr Hund zwischen einzelnen Spielkontakten und außenstehender Beobachterposition hin und her. Kommt ihm jemand zu stürmisch zu nahe, zeigt er starke Beschwichtigungssignale. **E**

5. Ein neuer Bekannter besucht Sie zum ersten Mal zuhause. Sie setzen sich gemeinsam ins Wohnzimmer, trinken Kaffee und unterhalten sich. Ihr Hund…

- liegt auf seinem Lieblingsplatz und beobachtet die Situation. Vom Besucher lässt er sich nach gemessener Annäherung streicheln, verschafft sich jedoch Ruhe, sobald er genug hat. **A**
- liegt ebenfalls im Wohnzimmer, in angemessener Entfernung zum Fremden und hat den Kopf interessiert angehoben. Er beobachtet das Treiben und lauscht aufmerksam der neuen Stimme. Steht einer von Ihnen auf, folgt er der Bewegung genau mit seinem Blick. **C**
-meidet das Wohnzimmer und zieht sich in einen wenig frequentierten Raum zurück. Annäherungsversuchen des Gastes hat er sich windend entzogen und er wird sich erst einige Zeit, nachdem der Besucher gegangen ist, wieder blicken lassen. **F**
- liegt neben dem Gast auf dem Sofa und lässt sich die Ohren kraulen. Wird es ihm zu langweilig, bringt er sein Lieblingsspielzeug und versucht, eine kleine Toberunde zu initiieren. **B**
- lauscht aufmerksam Ihrer Unterhaltung und beobachtet sämtliche Bewegungen. Auf Änderungen der Gesprächslautstärke oder auf den Klang der Stimmen reagiert er, steht etwa auf, kommt näher und zeigt leichte Beschwichtigungssignale. **D**
- ist im Wohnzimmer oder in einem anderen Raum, abhängig davon, wo es ihm gerade besser gefällt. Den Gast nimmt er wahr und er verliert seine Anwesenheit nicht völlig aus den Augen, im Vordergrund stehen jedoch sein momentaner Gefühlszustand und die entsprechenden Bedürfnisse, wie etwa schlafen oder in einem anderen Raum spielen, befolgt er. **E**

6. Sie mussten dringend einige Tage wegfahren und konnten Ihren Hund keinesfalls mitnehmen. Während dieser Zeit haben Sie ihn zu einem guten Freund gegeben, der selbst weder Haustiere noch Kinder hat und sich liebevoll um Ihr Tier gekümmert hat. Als Sie wieder da sind und mit Ihrem Hund in die eigene Wohnung zurückkehren, …

- verkriecht er sich erst einmal hinter dem Sofa, wo er einige Zeit nicht mehr hervorkommt. Auf Spazierengehen hat er keine Lust und erst nach geduldiger, beharrlicher Annäherung kommt er zu Ihnen, lässt sich kraulen und legt sich neben Sie aufs Sofa. **F**
- inspiziert er zunächst die strategisch wichtigen Örtlichkeiten wie Futternapf und Liegeplatz. Dann lässt er sich seine Bedürfnisse befriedigen, ein Spaziergang etwa oder er isst etwas, und installiert sich dann auf seinem Lieblingsplatz. **A**
- ist er vor allem auf Ihre Nähe bedacht. Er möchte kuscheln, versichert sich Ihrer Zuneigung und drückt seine eigene durch allerhand milde Signale aus. Wenn Sie sich nun in der Wohnung bewegen, folgt er Ihnen und er möchte ganz offensichtlich die entstandene Distanz schnell wieder überbrücken. **D**
- tobt er erst einmal durch die Wohnung, sucht sein Spielzeug, möchte spazieren gehen oder mit Ihnen herumalbern und benimmt sich im Großen und Ganzen, als wären Sie nie weggewesen. **B**
- inspiziert er erst einmal die Wohnung, schnüffelt alles gründlich ab und guckt hinter jede Türe. Wenn alles zu seiner Zufriedenheit ist, macht er es sich bei Ihnen gemütlich und sucht nach emotionaler Rückversicherung, dass nun wieder alles in Ordnung ist. **E**

- geht er auf einen systematischen Rundgang, prüft, ob alles noch an Ort und Stelle ist, und versucht dann erwartungsvoll, herauszufinden, was Sie vorhaben und worauf Sie aus sind. Bleiben Sie nun hier oder gehen Sie gleich wieder, steht ein Spaziergang an oder erst einmal Ausruhen? **C**

Nachdem Sie nun sämtliche Fragen durchgegangen sind, prüfen Sie nun, welchen Buchstaben Sie am häufigsten angekreuzt haben. Vielleicht ergibt sich ein ganz klares Bild aus ausschließlich **C**, vielleicht mischen sich **D**- und **E**-Antworten oder vielleicht konnten Sie sich auch bei der einen oder anderen Frage nicht festlegen. In jedem Falle ist das Ergebnis interessant, denn es gibt eine Tendenz an.

Die Antworten mit dem Buchstaben **A** deuten auf einen überlegen-dominanten Hund hin, **B** auf einen extrovertiert-aktiven, **C** auf einen überlegt-interessierten, **D** auf einen defensiv-harmonisierenden, **E** auf einen empfindsam-beobachtenden und **F** auf einen introvertiert-ängstlichen Hund.

Ein nicht eindeutiges Ergebnis ist letztlich genauso klar, denn es gibt Ihnen einen guten Hinweis darauf, welche Persönlichkeitsanteile in Ihrem Hund vertreten sind, und daraus können Sie Rückschlüsse auf seine Bedürfnisse ziehen, gerade auch in kommunikativer Hinsicht. So sind für einen **A**-Hund Klarheit und Bestimmtheit wichtig sowie ein großes Maß an Selbstständigkeit. Seine Zeichen sind vermutlich nicht sehr häufig, aber meist unmissverständlich. Versuchen auch Sie, Ihre Signale nach diesen Prinzipien einzusetzen. Achten Sie die Grenzen, die Ihr Tier anderen Hunden setzt, und vertrauen Sie bei Begegnungen zunächst auf seine Intuition – vermutlich wird er alles problemlos regeln. Ein **B**-Hund benötigt Grenzen, Führung und auch einmal Beruhigung. Nutzen Sie die Calming Signals bewusst, um ihn ab und an ein wenig „herunter zu kühlen“, und fördern Sie seine Sensibilität, diese Zeichen auch bei Artgenossen wahrzunehmen und zu respektieren. Genauso wichtig ist es jedoch, ihm ausreichend Stimulation, Abwechslung und Beschäftigungsmöglichkeiten zu bieten, ansonsten wird ein solches Tier schnell gelangweilt und unterfordert. Einem **C**-Hund sollten Sie aufmerksam zuhören, denn er vermittelt meist recht präzise, was er gerade braucht, und er kann sich selbst und seine Bedürfnisse gut einschätzen.

Lassen Sie ihm den Freiraum, den er einfordert, und geben Sie da Schutz und Unterstützung, wo er sie benötigt. Auch im Umgang mit neuen Situationen und Artgenossen sind Sie gut beraten, ihm zunächst eine gesunde Portion Vertrauen entgegenzubringen.

Im Umgang mit einem **D**-Hund sollte der Fokus auf umsichtiges, ruhiges und zugewandtes Verhalten gelegt werden. Ein solches Tier ist in hohem Maße abhängig von der Gewissheit, dass alles in Ordnung ist und sie in Sicherheit, Zuverlässigkeit und Zuneigung miteinander leben. Achten Sie besonders auf eventuelle Ruppigkeit, Gereiztheit oder Gestresstheit in Ihrer Sprache und in Ihren Bewegungen.

Seine vermutlich zahlreichen Beschwichtigungssignale sollten Sie wahrnehmen und beantworten. Nehmen Sie sich außerdem stets ausreichend Zeit, ihm Ihre Zuneigung zu zeigen. Auch ein **E**-Hund benötigt viel Rückversicherung, allerdings auch bezüglich sämtlicher anderer

Umstände. Mit dem gezielten und auch häufigen Einsatz von Calming Signals können Sie ihm deutlich machen, dass alles in Ordnung ist, und ihm so viel Ausgeglichenheit schenken.

Ermöglichen Sie ihm stets, sich ein gutes Bild von Situationen zu machen, und hören Sie auf seine Signale. Im Umgang mit einem **F**-Hund achten Sie besonders darauf, ihn nicht zu überfordern. Helfen Sie ihm mit Geduld und Rückversicherung dabei, Situationen zu meistern, und versuchen Sie, ihn nicht mit unnötigen Stresssituationen zu konfrontieren. Nach aufregenden Vorfällen sollten Sie sich gründlich Zeit nehmen, ihn wieder zu beruhigen, generell können von Ihnen gezeigte Calming Signals eine Menge bewirken.

Besser miteinander reden

Nachdem Sie nun am Ende des Buches angekommen sind, sind Sie vielleicht vor allem verblüfft von der Vielfalt und Präzision, mit der Ihr Hund mit Ihnen und anderen kommuniziert. Vieles davon haben Sie möglicherweise auch zuvor schon beobachtet, ohne es allerdings einordnen zu können, und jetzt sehen Sie bestimmte Situationen vielleicht in einem ganz anderen Licht.

Dies ist der beste Anfang für eine Neugestaltung der Sprachbeziehung zu Ihrem Hund. Ganz am Anfang steht immer das Verständnis und Sie sollten nie aus den Augen verlieren, dass in kommunikativer Hinsicht stets Sie in der Bringschuld sind. Ihr Hund – darauf können Sie vertrauen – tut sein Hundemöglichstes, um freundlich, höflich, beschwichtigend und aufrichtig mit Ihnen zu sein. Es liegt an Ihnen, seine Zeichen zu sehen und zu verstehen. Und wenn das nicht gleich von Anfang an klappt, dürfen Sie nicht den Mut verlieren.

Es braucht einige Zeit, bis Mensch die Signale wirklich zuverlässig erkennen kann und manchmal auch, bis Hund (wieder) bereit ist, die Zeichen zu zeigen. Nicht wenige Vierbeiner haben im Umgang mit Menschen ein wenig kapituliert – verständlich, wenn man ein ums andere Mal etwas sagt und keine Reaktion erfolgt. Ermuntern Sie Ihr Tier also, seine eigene Sprache wieder hervorzukramen, indem Sie auf verwendete Signale reagieren und ihm so Ihr Verständnis deutlich machen. Und auch Sie selbst müssen nicht geizen mit den Zeichen: Blinzeln und gähnen sie eifrig und freigiebig, wenden Sie einmal den Blick ab, laufen Sie Bögen oder gehen Sie ab und an in die Hocke. Sie werden bemerken, wie erstaunt und schließlich erfreut Ihr Liebling darauf reagiert, wenn er in seiner Sprache angesprochen wird. Freuen Sie sich darauf, mit Ihrem besten Freund endlich so zu kommunizieren, wie es besten Freunden eigentlich gebührt.